Bruno Jelovic
@thegodfatherofdogs
mit Nicole Maibaum

DER HUNDE BESCHÜTZER

Bruno Jelovic
@thegodfatherofdogs
mit Nicole Maibaum

DER HUNDE BESCHÜTZER

Wie Straßenhunde eine zweite Chance bekommen

Mit Tipps vom **Godfather of Dogs** für eine gelungene Adoption

Bibliografische Information der Deutschen Nationalbibliothek
Die Deutsche Nationalbibliothek verzeichnet diese Publikation in der Deutschen Nationalbibliografie. Detaillierte bibliografische Daten sind im Internet über https://dnb.de abrufbar.

Für Fragen und Anregungen
info@m-vg.de

Wichtige Hinweise
Ausschließlich zum Zweck der besseren Lesbarkeit wurde auf eine genderspezifische Schreibweise sowie eine Mehrfachbezeichnung verzichtet. Alle personenbezogenen Bezeichnungen sind somit geschlechtsneutral zu verstehen.

Originalausgabe
10. Auflage 2026

Türkenstraße 89
80799 München
Tel.: 089 651285–0

Redaktion: Anja Hilgarth
Umschlaggestaltung: Sonja Stiefel
Umschlagabbildung: SAVETHEDOGS/Bruno Jelovic
Bildteilabbildung: SAVETHEDOGS/Bruno Jelovic
Satz: Kerstin Stein
Druck: ScandBook, Litauen
Printed in the EU

ISBN Print 978-3-7474-0708-0

Weitere Informationen zum Verlag finden Sie unter
www.mvg-verlag.de
Beachten Sie auch unsere weiteren Verlage unter www.m-vg.de

INHALT

Für Mia
Ohne Dich wäre ich nicht der,
der ich heute bin.

PROLOG

Ich möchte mir keine Feinde machen. Doch es ist die Wahrheit: Einige Tierschützerinnen und Tierschützer, zumindest nennen sie sich so, mögen mich einfach nicht. Und im Grunde ist dies schon paradox. Ich will sie gar nicht über einen Kamm scheren oder anfangen zu pauschalisieren. Aber für etliche dieser vermeintlich tierliebenden Menschen ist es existenziell, dass Hunde angefahren werden und blutend auf der Straße liegen. Dass Hunde bei Kämpfen mit ihren Artgenossen fast zerfetzt werden oder völlig abgemagert irgendwo in der Ecke sitzen. Und wenn schon einer tot ist, gerne ein kleiner süßer Welpe – wunderbar. Denn das, als Foto im Internet veröffentlicht, erweckt Mitleid, das bringt Spenden, mit denen viele dieser angeblichen Helferinnen und Helfer ihr Dasein finanzieren. Ich möchte nicht, dass wir uns falsch verstehen. Ich solidarisiere mich mit all denen, die denken und vor allem handeln wie ich, und spreche diesen meinen vollen Dank aus. Es gibt viele Tierschützerinnen und Tierschützer weltweit, vor deren Arbeit ich den Hut ziehe. Aber: Es gibt halt auch die Sorte von Tierschützerinnen und Tierschützern, die sich über das tragische Dasein der Hunde definiert, ohne wirklich nachhaltig etwas daran zu ändern. Sie würden sich damit ja auch nur in das eigene Fleisch schneiden. Denn mal so gesagt: Ohne das Leid der Hunde wären viele von ihnen arbeitslos.

Ich will dieses Leid nicht mehr. Ich will es stoppen. Und ich bin auf einem guten Weg. 1000 Hunde. Keiner von ihnen muss hungern, keiner wird getreten, geschlagen, vom Auto angefahren oder muss mit einem Artgenossen kämpfen, bis er irgendwann blutüberströmt zusammenbricht und stirbt. Einfach so, weil manche Menschen daran ihren Spaß haben oder irgendwelche Vollidioten damit Stärke demonstrieren wollen.

1000 Hunde. 1000 Hunde, von denen viele noch nie in ihrem Leben richtig gerannt sind, ausgelassen getobt und gespielt haben, da eine schwere Eisenkette sie daran gehindert hat. Viele von ihnen haben sich noch nie richtig satt gefressen, da sie immer nur im Müll nach Essbarem wühlten und froh sein konnten, wenn sie ein paar Reste fanden. Viele von ihnen sehen zum ersten Mal die Sonne, weil sie zuvor immer nur in einem dunklen Keller lebten. Und: Viele von ihnen – wahrscheinlich sogar die meisten – haben noch nie in ihrem Leben Liebe gespürt, wurden gestreichelt, gelobt, hinter den Ohren und am Bauch gekrault, freundlich mit ihrem Namen angesprochen. Dabei haben sie nichts falsch gemacht. Doch sie waren zur falschen Zeit am falschen Ort. Bei mir aber können sie ankommen. Es ist ein Ort, wo sie frei sind und wo sie friedlich zusammenleben. Sie haben endlich ein Zuhause, wo es genug zu fressen gibt, wo ihre Wunden medizinisch versorgt werden. Wo sie spielen und toben können und – wo sie geliebt werden.

Ich bin kein »Superheld«, wie mal eine Followerin meinte. Ich bin einfach Bruno. Bruno Jelovic, der vor einigen Jahren in der Schweiz in sein Auto stieg und sich nach langer Zeit wieder auf den Weg in sein Heimatland Bosnien machte. Eigentlich nur, um dort die Familie zu besuchen. Das habe ich auch getan. Doch womit ich nicht rechnete: Ich fand noch eine Familie. Eine neue, andere, viel größere Familie. Denn als ich durch die Straßen von Städten wie Bugojno oder Travnik fuhr, sah ich sie. Ich musste sie nicht suchen, sie waren quasi überall: Hunde, Straßenhunde. Abgemagert bis auf die Knochen stromerten sie zwischen den Häusern, stupsten mit ihren Schnauzen in ausgekippten Müllsäcken herum, saßen manchmal auch nur da, weil längst die Kraft zum Laufen fehlte. Manche von ihnen waren verletzt, manche schon alt, manche aber auch noch Welpen, erst wenige Wochen auf dieser Welt, und bei ihrem Anblick war klar, dass sie aufgrund all der Bedingungen auch nicht viel länger hier bleiben würden. Einige ihrer Artgenossen hatten das Leid schon hinter sich. Sie lagen tot am Straßenrand.

Ich beobachtete, wie ein Mann mit seinem Auto sogar noch Vollgas gab und hupte, als er an einer kleinen Gruppe von Hunden vorbeifuhr, laut lachte und sich darüber freute, dass einige von ihnen mit ihrer letzten Kraft schnell panisch zur Seite sprangen.

Ich wurde wütend. Wie kann man das machen! Was für ein Mensch ist so ignorant und zu so etwas in der Lage! Sie haben ihm doch nichts getan! Wie kann einem das Leid anderer Lebewesen so egal sein! Ich will nicht richten über diese Menschen. Aber mich aufzuregen, zu schimpfen, zu verzweifeln, das raubte mir zu viel Energie und führte zu nichts. Das spürte ich, genauso wie ich realisierte: »Bei anderen mag das mit dem Wegsehen und Verdrängen vielleicht klappen, doch ich kann das nicht. Ich will das auch gar nicht können. Im Gegenteil: Ich will diesen Hunden helfen! Ich will ihr Leben lebenswert und artgerecht machen, ich will sie beschützen.« So wurde ich zum »Godfather of Dogs«.

Ich bin zu einem Paten dieser so bezaubernden Wesen geworden und sehe es als meine Aufgabe, meinen Lebensinhalt und meinen Auftrag, dass die Hunde kein Leid mehr erfahren, sondern ihr Leben genießen können. Hätte mir das jemand vor 20 Jahren erzählt, ich hätte ihm den Vogel gezeigt. Doch damals wusste ich ja selbst noch nicht, was Hunde sein können.

»Der beste Freund des Menschen!« Ja, das sind Hunde. Doch sie sind noch viel mehr. Sic sind unser Spiegelbild, dein Spiegelbild. Sie zeigen dir, wer du bist, wie du tickst, was du kannst, was dir wichtig ist, was in dir steckt – Positives wie auch Negatives. Sie holen so viel, wenn nicht gar alles aus dir heraus. Sie sind Weggefährten, Vertraute, Spielkameraden, Seelenheiler. Sie sind Lebensqualität, Lebenselixier, sie sind Glück. So sehe ich das zumindest, und ich weiß, wovon ich spreche.

Lange war ich auf der Suche. Ich wusste nichts mit mir und meinem Leben anzufangen. Es gab keinen Weg, den ich sah und den ich hätte gehen können. Ich probierte mich und vieles aus. Doch das Glück, auf das ich hoffte, zeigte sich dabei nie oder nur vermeintlich oder von einer falschen Seite – bis Mia kam. Eine kleine Französische Bulldogge, die mein Leben umkrempelte. Die mein Leben komplett umkrempelte! Sie gab ihm Struktur und einen Sinn, brachte mich auf die Spur und weckte in mir Emotionen, die mich geradezu explodieren ließen und von denen ich bis dato nichts geahnt hatte. Das alles gelang Mia, ohne dafür viel zu tun, geschweige denn etwas dafür einzufordern. Klar, Hunde brauchen und wollen Futter. Aber das meine ich nicht. Wer einen Hund hat, weiß, was ich meine. Wer keinen hat: Es ist so ein Aha-Erlebnis und zeigt sich in einem felligen Vierbeiner, egal, ob groß oder klein, alt oder jung, kurzhaarig oder langhaarig, Rassehund oder Mischling. Einem Vierbeiner, der einfach da ist. Er tritt uns auf seinen Pfoten entgegen, er folgt uns, läuft voraus, wartet auf uns – und all das immer mit einer bedingungslosen Liebe. Diese anzunehmen, hat mir meinen Weg gewiesen und tut es jeden Tag aufs Neue.

Und genau darum: Mögen mich andere hassen, anfeinden und was weiß ich: 1000 Hunde – das ist erst der Anfang. Es müssen viel mehr sein. Und es werden mehr werden. Davon bin ich überzeugt. Denn es ist meine Mission. Dabei will ich keinem Menschen gerecht werden. Das wollte ich nie, meine Eltern vielleicht ausgenommen. Und mich selbst. Ich bleibe mir treu. Es ist mir egal, was andere über mich denken und wie sie mich prüfen, ob ich in ihr Raster passe. Eigentlich will ich das auch gar nicht. Darum sehe ich auch so aus, wie ich aussehe, aber dazu später mehr.

Ich bin einfach Bruno Jelovic, The Godfather of Dogs, der jeden Tag dafür arbeitet, dass es Hunden ein wenig besser geht. Ich mache das mit einem wunderbaren Team und dank einer großen Community aus der ganzen Welt, die mich unterstützen, weil sie genauso fühlen und denken wie ich. Darum ist das auch nicht nur meine Geschichte. Es ist die Geschichte über einen Auftrag, da zu sein für Wesen, die so großartig sein können und so viel Liebe und Zuneigung geben können. Bedingungslos. Und: Für sie da zu sein, sie zu retten, sie zu beschützen – dies fühle und erfülle ich auch als einen Auftrag, den Gott mir gegeben hat. Ja, so sehe ich das. Mich hat diese Liebe zu Hunden, mit der ich nie gerechnet hatte, verändert. Und tut es jeden Tag aufs Neue.

Ich sehe dieses Buch daher nicht allein als eine Erzählung über mein Leben und als Bericht über das Dasein, das Retten und das Aufnehmen von Straßenhunden. Vielmehr ist es ein Beispiel und eine Geschichte darüber, wie Liebe und Zuneigung – selbst oder vielleicht auch gerade von einem Tier – das Leben bereichern können. Wie sie dem Leben einen Sinn geben und uns vielleicht sogar auf einen neuen Weg führen können.

KLEINE SEELEN

Das Auto frisst sich durch die Dunkelheit. Die Straßen sind uneben und nicht asphaltiert, tiefe Schlaglöcher rütteln unseren alten Geländewagen durch. Die Stadt Bugojno, knapp 60 Kilometer nordwestlich von Sarajevo gelegen, haben wir hinter uns gelassen. Dort leben mittlerweile wieder mehr als 30 000 Menschen, es gibt Restaurants, Cafés, Lebensmittelläden, Schulen, Sportstätten. Zwar erinnern Ruinen und einige Gebäude mit Schusslöchern in ihrem Gemäuer noch an den Bürgerkrieg, der Anfang der 1990er begann und fast zehn Jahre das Geschehen in meinem Heimatland bestimmte – doch sie sind buchstäblich eine Randerscheinung. In die Straßen ist der Alltag längst wieder zurückgekehrt. Und sosehr ich mich über diese Normalität freue und zudem sehr glücklich bin, dass auch viele Mitglieder meiner Familie wieder hier in Bosnien leben – in diesen Momenten, wenn ich abends im Auto sitze und eine unserer Routen abfahre, ist das zweitrangig. Denn dann gibt es für mich Wichtigeres …

Etliche Ruinen, verlassene Häuser, aus denen die Menschen damals im Krieg flüchteten und nie zurückkamen, säumen schemenhaft unseren Weg. Alles ist menschenleer. Niemand ist zu sehen. Es sind Gegenden, um die der Alltag einen Bogen macht. Hier gibt es kein Leben mehr. Daher ist es fast paradox, dass wir genau danach Ausschau halten: nach Leben. Seit knapp einer Stunde sind wir unterwegs. Wir suchen nach Indizien wie Pappkartons, nach Holzkisten, nach zusammengeknüllten Decken und auch nach Müllsäcken, die sich bewegen. Wir suchen nach Leben, das zumeist erst vor Kurzem begonnen hat und doch schon wieder vorbei sein wird, wenn wir es nicht rechtzeitig finden. Wir suchen nach ausgesetzten Hunden, aussortiert und weggeworfen wie Müll. Wir suchen nach Welpen, nach Muttertieren, nach Rüden, die hier am Rande der Stadt gestrandet sind, weil sie nirgendwo anders ein Zuhause haben und willkommen sind.

Wir nähern uns Titos alter Villa »Gorica« – oder besser gesagt dem, was davon übrig geblieben ist. Einst war es ein stattliches Anwesen, gelegen auf einer Anhöhe mit einem Ausblick auf die ganze Stadt. Das Grundstück misst bestimmt an die 10 000 Quadratmeter, das Haus muss unzählige Zimmer gehabt haben, ich stelle es mir wie eine riesige Hotelanlage vor. Die Villa »Gorica« war nur eine von den vielen Immobilien, in denen der frühere Staatschef von Jugoslawien, Josip Broz Tito, ausschweifend lebte. Alles Vergangenheit. Tito ist längst tot, der Krieg hat die Villa zerstört. Sie wurde nie wieder aufgebaut. Berge von Schutt, alte Kabel, haufenweise Steine, Sand und so etwas wie ein Rohbau sind alles, was von dem einstmals prachtvollen Gebäude übrig ist. Und: Es gibt tonnenweise Müll. Etliche Menschen aus Bugojno und selbst aus den umliegenden Dörfern kommen hierher, um illegal ihren Dreck zu entsorgen.

Leere Farbeimer liegen herum, kaputte Fernseher, alte Kühlschränke, alte Möbel, sogar Tierkadaver. Vieles davon würde auf eine Sonderdeponie gehören, doch da müssten die Leute ja Geld für die Entsorgung zahlen. Hier bei der Villa können sie ihren Müll einfach rauswerfen und keiner sieht es. Es gibt keine Kameras, kein Wachpersonal und abends auch kein Laternenlicht. Es ist stockdunkel, einsam und von der Zivilisation abgeschieden. Es ist damit der ideale Ort, um sich dessen zu entledigen, was man nicht mehr braucht, und auch dessen, was einem lästig ist. So ist es auch für viele der perfekte Ort, um einfach schnell einen Karton oder Sack mit ungewollten Welpen abzustellen, um einen kranken Hund aus dem Auto zu scheuchen, der beim Tierarzt viele Kosten verursachen würde, oder eine trächtige Hündin abzusetzen, deren Wurf nur unnötig Dreck und Arbeit machen würde.

Der Müll stinkt fürchterlich. Im Winter ist es nicht ganz so schlimm, doch dann ist die Luft besonders stickig, da viele in Bosnien nur mit alten Öfen heizen und ich weiß nicht was alles für Zeug darin verbrennen. Erst Ende 2024 attestierte ein Schweizer Technologieunternehmen der Stadt Sarajevo die drittstärkste Luftverschmutzung der Welt, ich meine, das ist doch Wahnsinn. Sarajevo hat eine schlechtere Luft als eine Riesenmetropole wie Neu-Delhi. Und: Der ganze Dreck zieht dann auch über den Rest von Bosnien.

Trotzdem haben wir die Autofenster immer heruntergekurbelt, wenn wir unterwegs sind. Wir fahren lediglich im Schritttempo, halten immer wieder kurz an, um so auch das leiseste Geräusch zu hören und um keinen Hund unnötig zu erschrecken.

Ich höre ein Rascheln. Wir stoppen, ich stelle den Motor ab. Einer aus meinem Team reicht mir die Taschenlampe. Ich höre wieder das Rascheln, steige aus dem Auto, laufe langsam in die Richtung, aus der das Geräusch kommt. Dann, im Schein der Taschenlampe, sehe ich sie: Mini-Pfoten, die versuchen, sich innen am Rand eines Kartons hochzuziehen, dann abrutschen, sich erneut hochkämpfen.

Immer wieder, obgleich ich es schon so oft gesehen habe, zerreißt mir dieser Anblick das Herz. Adrenalin schießt durch meinen Körper und in meinem Kopf ist der Gedanke, der mich leitet und treibt: »Ich möchte etwas verändern! Ich möchte helfen.« Darum: Hoffentlich sind wir nicht zu spät. Hoffentlich ist keines der Kleinen tot. Hoffentlich sind die Welpen nicht verletzt. Hoffentlich können wir sie aufpäppeln.

Früher, bei meinen ersten Touren, spürte ich in solchen Momenten auch eine riesengroße Wut. Einmal fand ich in einem Karton sieben, acht, neun Welpen, etliche von ihnen waren da schon tot, die anderen fiepten, winselten und kämpften ums Überleben. Ich war wütend auf die Menschen, die sie in diese Situation gebracht hatten. Menschen, die Hunden absichtlich wehtun, die sie bewusst verletzen. Doch ich habe gemerkt, dass mir die Wut über solche Menschen zu viel Energie raubt. Daher versuche ich, sie erst gar nicht in mir aufkommen zu lassen, denn so kann ich mich besser fokussieren. Ich versuche, es vollkommen rational zu sehen: Für diese Menschen, die einen Müllsack, einen Karton oder was weiß ich mit Welpen irgendwo abstellen oder die einen Hund anfahren und einfach liegen lassen, die einen Hund schlagen, treten und auf andere Weise übelst misshandeln, sind diese kleinen Engel eben nichts wert. Für mich aber sind diese Engel alles. Ich werde diese Menschen auch nicht mehr ändern, das ist auch nicht meine Aufgabe. Aber: Ich kann das Leben dieser ausgesetzten Welpen und vieler anderer Hunde ändern. Und das sehe ich als meine Aufgabe.

Es sind sechs Welpen in dem Karton, alle leben. Ich schätze sie auf zwei, drei Wochen, nicht älter. Manche von ihnen haben noch nicht einmal die Augen geöffnet. »Lijepe moje duše male« – »Meine schönen kleinen Seelen«, flüstere ich ihnen zu. Dies sind immer die ersten Worte, die ich zu Hunden sage, wenn ich sie finde. Sie sollen damit Liebe spüren und merken, dass sie willkommen sind. Denn das ist in diesem Moment mit das Wichtigste: ihnen das Gefühl von Geborgenheit zu vermitteln. Sie sollen wissen, dass jetzt alles besser wird, dass das Leid, das sie bislang erlebt haben, vorüber ist. Denn bis zu diesem Augenblick, in dem wir die Welpen gefunden haben, sind sie in ihrem Leben durch die Hölle gegangen. Viel zu früh wurden sie ihrer Mama entrissen, konnten so gar nicht genügend saugen. Die Welpen haben extremen Stress durchgemacht. Von dem Moment an, als sie auf die Welt gekommen sind, waren sie irgendjemandem eine Last. Bestimmt sind sie nicht liebevoll in den Karton gesetzt worden. Eher hat man sie da wie ein paar aussortierte Dinge einfach reingeworfen, zusammengepfercht und sich selbst überlassen. Sie störten und mussten weg. Nicht willkommen zu sein – das spüren Hunde, und es ist für die meisten, da sie uns Menschen gefallen möchten, das Schlimmste.

Langsam leuchte ich mit der Taschenlampe umher, schaue, ob zwischen all den Müllsäcken und dem ganzen anderen Kram noch ein Welpe sitzt. Vielleicht ist ja einer der Kleinen, getrieben von Hunger und Durst, doch aus dem Karton gekrabbelt und versteckt sich jetzt hier irgendwo. Das Licht der Taschenlampe fällt auf einen Berg benutzter Spritzen. Auch die werden hier oftmals von irgendwelchen Junkies in großen Mengen entsorgt und bedeuten für die Hunde eine zusätzliche Gefahr, sich zu verletzen. Es ist wirklich schlimm, was hier alles rumliegt, was Menschen unbedacht wegwerfen. Zum Glück entdecke ich keinen Welpen mehr und auch keinen anderen ausgesetzten Hund.

Vorsichtig nehme ich einen der kleinen Hunde aus dem Karton auf den Arm, streichle über sein Fell, versuche zu spüren, ob er irgendwo offene Wunden hat. Sein kleines Herz pocht wie verrückt. Wenigstens haben die Kleinen Glück, dass es gerade nicht Winter ist. Denn der Kälte kann so ein Welpe mit seinen gerade einmal paar hundert Gramm, einem leeren Magen und dünnem Fell nichts entgegensetzen. Binnen weniger Stunden sind die meisten von ihnen tot.

Ich nehme den Karton hoch, flüstere den Welpen ein paar liebe Worte zu, während ich sie zum Auto trage. Das Team hat schon eine Box mit einer kuscheligen Decke hergerichtet, in die wir die Welpen hineinsetzen. Ich lasse den Motor an, wir fahren besonders vorsichtig, versuchen den Schlaglöchern der Straße auszuweichen. Viele Hunde vertragen Autofahren nicht. Auch sollen das Rütteln, die unbekannten Geräusche und Gerüche im Fahrzeug bei den Hunden nicht noch ein weiteres Trauma auslösen. Sie haben schon genug durchgemacht.

Knapp 100 Meter von der Tito-Villa entfernt liegt die Brankova-Villa. Auch sie ist nur noch eine Ruine, ein Abbruchgebäude, verlassen und von der Zivilisation abgeschieden. Die Tito- und die Brankova-Villa sind die beiden Orte, wo wir bereits viele ausgesetzte Hunde gefunden haben. Auch treffen wir bei der Brankova-Villa häufig Sead.

Sead ist ein unglaublich lieber, guter Mensch. Ich mag ihn sehr. Ich schätze ihn auf um die 70, er wohnt mit seiner Frau Azra in Bugojno, mitten im Zentrum der Stadt, und hat mir furchtbare Geschichten erzählt. Als der Balkankrieg Anfang der 1990er-Jahre begann, mussten viele Menschen von heute auf morgen ihr Zuhause verlassen. Sie konnten nur das Nötigste mitnehmen, ein Hund wäre auf der Flucht eine zu große Belastung, sodass sie ihn schweren Herzens dalassen mussten. Andere Hunde hatten plötzlich kein Herrchen oder Frauchen mehr, weil diese bei den Bombenangriffen ums Leben kamen. Ich mag mir gar nicht ausmalen, wie schlimm sich das für einen Hund angefühlt haben muss. Viele von ihnen waren Teil einer Familie, wurden geliebt, bekamen jeden Tag Futter, hatten ein Zuhause. Und plötzlich ist alles anders. Durch die Straßen laufen Soldaten, Bomben zerstören Häuser, Schüsse fallen, überall knallt es. Nirgendwo kann sich ein Hund sicher fühlen. Ganz, ganz schlimm. Die Hunde irren herum, sind plötzlich auf sich allein gestellt, müssen sich durchkämpfen, um zu überleben. In den folgenden Jahren haben sie sich unkontrolliert vermehrt, und da begann das Problem mit den Straßenhunden in Bosnien. Davor gab es das nicht wirklich. Als der Krieg vorüber war und mehr und mehr Menschen wieder zurückkehrten, gab es unzählige Straßenhunde. Die Städte haben sie als »Plage« angesehen, derer man Herr werden musste. Doch statt sich Gedanken darüber zu machen, was man nachhaltig und sinnvoll für sich und die Tiere tun kann, wie und wo man sie unterbringen kann oder ob vielleicht auch eine Kastrationspflicht die Lage verbessert, haben etliche Städte einfach quasi ein Kopfgeld auf die Tiere ausgesetzt. Sead hat mir erzählt, dass Städte jedem fünf Euro gezahlt haben, der nachweislich einen Hund erschossen hat. So haben in Bosnien viele, viele Hundert Hunde ihr Leben verloren. Ich habe versucht, diese Menschen zu verstehen. Ich meine, ihr Land hat einen Krieg erlebt, sie hatten keine Arbeit, sie waren arm. Sie hatten durch den Krieg alles verloren, und fünf Euro waren für sie viel Geld. Doch dafür einen Hund erschießen, der einem nichts getan hat? Das kann ich nicht verstehen. Auf keinen Fall. Zumal es manchen, wie Sead mir erzählte, auch gar nicht ums Geld ging. Etliche Menschen haben auch ihre Wut über das eigene Schicksal an den Hunden ausgelassen. Sie haben die Tiere misshandelt. Ein abgeschnittener Schwanz galt als der Beweis, einen Hund getötet zu haben und so die fünf Euro abkassieren zu können. Einige aber haben sich einfach die Patronen gespart und den Hunden bei vollem Bewusstsein den Schwanz abgeschnitten. Es sind wirklich ganz schreckliche Geschichten, von denen Sead zu berichten weiß.

Sead aber ist ein Guter. Seit dem Bürgerkrieg kommt er fast jeden Tag mit dem Auto hoch zur Tito- und zur Brankova-Villa, um sich hier gemeinsam mit seiner Frau Azra um die Hunde zu kümmern. Er gibt ihnen

Futter, das er teilweise von seinem eigenen Geld kauft oder durch Spenden finanziert, er bringt ihnen Wasser, streichelt sie, redet mit ihnen. Er gibt ihnen Liebe und schaut nach dem Rechten. Dank ihm können hier mittlerweile sogar einige Hunde dauerhaft leben, es geht ihnen gut, weil Sead und auch wir ein Auge auf sie haben. Wenn es um Verletzungen, Kastrationen, Sterilisationen und andere Operationen geht, kontaktiert Sead uns. Wir holen die Tiere dann ab, um sie medizinisch versorgen zu lassen.

Heute sehen wir bei der Brankova-Villa zum Glück nur ein paar der rund 15 quasi Dauergäste. Das Verhältnis zwischen Hündinnen und Rüden ist ungefähr 50:50. Alle Hunde sind Mischlinge, wobei die Mehrheit von ihnen Tornjaks sind – eine robuste, widerstandsfähige bosnische Hunderasse, die sich durch ihre treue Natur auszeichnet. Die Hunde verbringen die meiste Zeit ruhig sitzend oder liegend auf dem Gelände. Sie wirken entspannt und werden regelmäßig von Sead versorgt. Es scheint, als hätten sie in der Villa einen sicheren Rückzugsort gefunden, fern von den Straßen, auf denen sie einst um ihr Überleben kämpfen mussten. Die Atmosphäre ist ruhig, beinahe idyllisch, und die Tiere strahlen eine gewisse Gelassenheit aus, als hätten sie nach langer Zeit endlich – vor allem dank Sead – ihren Frieden gefunden.

Wir fahren weiter, weiter zurück nach Bugojno, und kommen an einem Minenfeld vorbei. Überall stehen hier Schilder mit Totenköpfen, die vor dem Betreten dieses Geländes warnen. Von solchen Minenfeldern gibt es in Bosnien noch viele, teilweise sind sie mehrere Hektar groß. Bosnien und Herzegowina ist das am stärksten mit Landminen verseuchte Land Europas. Ich habe mal gelesen, dass hier tatsächlich immer noch mehr als 70 000 Landminen irgendwo unter der Erde sein sollen. Jedes Jahr werden Menschen durch explodierende Minen schwer verletzt oder sogar getötet.

In Bugojno ist dieses Minenfeld nahe dem städtischen Hundeasyl, dem Tierheim von Bugojno. Auch hier werden immer wieder viele Hunde ausgesetzt und einfach ihrem Schicksal überlassen. Die Menschen, die ihre Hunde hier loswerden, nehmen es in Kauf, dass Autos mit 70, 80 oder manchmal auch 90 km/h an den Tieren vorbeirasen und diese dann, ohnehin schon verängstigt, vor lauter Panik in das Minenfeld rennen, um dort

Schutz zu suchen. Stattdessen finden sie dort zumeist nur den sicheren Tod, denn schweren Herzens wird ihnen kein Mensch dorthinein folgen können, um sie zu retten.

Vor einiger Zeit hatte ich schon zwei ausgesetzte Hunde hinten im Auto, als ich nahe dem Minenfeld mehrere Welpen auf der Straße herumirren sah. Ich stoppte sofort, stellte den Wagen auf der Straße quer, um so erst einmal den ganzen Verkehr zu blockieren, und sah beim Aussteigen, dass die vier Kleinen sich dem Minenfeld näherten. Mir wurde da echt ganz anders. Die Kleinen flohen, suchten Schutz vor den vorbeifahrenden Autos. Manche mögen mich für lebensmüde halten, doch ich zögerte keine Sekunde. Ich rannte einfach in dieses Feld hinein, auch wenn der Angstschweiß mir in die Stirn lief und mein Herz raste. Doch ich wollte diese kleinen Engel retten. Klar sind die vor lauter Angst erst einmal vor mir abgehauen. Ich schnalzte leicht, wollte sie mit meinen Geräuschen neugierig machen und anlocken. Irgendwo im Hinterkopf realisierte ich, dass ich jederzeit draufgehen konnte, denn wenn so eine Mine hochgeht, ist zehn Meter drumherum alles weg. Mein Kopf sagte, nein schrie mir zu: »Hau endlich ab, du Idiot! Geh zurück zum Auto!«, doch mein Herz meinte: »Geh weiter! Du schaffst das!« Und ich ging weiter. Denn ich wollte, dass diese Hunde eine Chance auf Leben hatten. So lief ich bestimmt 15 bis 20 Meter in dieses Feld hinein, im Zickzack. Ich war schweißgebadet, und ganz ehrlich – so eine Angst hatte ich noch nie gehabt. Doch diese Angst war es wert, denn ich konnte alle vier Welpen retten. Als ich mit ihnen zurück beim Auto war, brauchte ich erst einmal eine gefühlte Ewigkeit, um etwas runterzukommen. Mein Körper war voller Adrenalin, ich zitterte, vor allem meine Beine. Doch ich hatte eben vier Welpen gerettet. Vier Welpen, denen ich mit meinem Team die Tür zu einem Leben in Sicherheit öffnen würde. Das war so ein tolles Gefühl! Und deshalb muss ich auch immer ein wenig lächeln, wenn ich an diesem Minenfeld vorbeifahre. Es war eine echt verrückte, aber am Ende großartige Aktion.

Ich rufe aus dem Auto heraus schon einmal Sanel an. Er ist Tierarzt in Bugojno. Ich habe ihn irgendwann 2018/2019 kennengelernt, genau weiß ich es nicht mehr. Aber ich weiß, dass mich sein Einsatz gleich beeindruckt hat. Für Sanel ist seine Arbeit nicht einfach nur ein Job. Während andere Tierärzte ihre Praxis abends abschließen und dann Feierabend haben, ist Sanel wirklich 24/7 im Einsatz. Ich kann ihn zu jeder Tages-, aber eben auch Nachtzeit anrufen, und bei einem Notfall richtet er sogar den OP her. Als wir das Asyl, also das Tierheim, saniert haben, da hat er wie wir jeden Samstag und jeden Sonntag mitgearbeitet, hat geholfen, 200 bis 300 Hunde zu waschen, das Fell teilweise zu schneiden. Er hat Blutproben genommen, hat Hunde geimpft, ihnen Vitamine gespritzt, die Krallen geschnitten, bei einigen Tumore entfernt und was weiß ich noch Gutes für diese Tiere getan. Nie hat er gesagt, dass es ihm zu viel wird. Er hat sich für jeden einzelnen Hund die Zeit und noch mehr genommen, die das Tier brauchte. Ich bin ihm sehr dankbar für seinen Einsatz.

Nach gut einer halben Stunde Autofahrt haben wir die Praxis von Sanel erreicht. Er ist schon da. Er untersucht die Welpen: Es sind drei Rüden und ein Weibchen. Alle wiegen nur ein paar Hundert Gramm. Sanel schaut, ob die Welpen äußerlich von irgendwelchen Parasiten, zum Beispiel Flöhen, Zecken, Haarlingen oder Milben, befallen sind. Er schaut, ob sie einen aufgeblähten Bauch haben oder ob es Spuren von Durchfall gibt. Beides kann auf innere Parasiten wie zum Beispiel Giardien oder auch Bandwürmer hindeuten. Die Kleinen scheinen gesund. Keiner ist verletzt oder hat offene Wunden, mal abgesehen von ihrer verletzten Seele und ihrem verletzten Herzen durch die Tat eines Menschen. Sanel gibt uns noch einige Medikamente, vor allem Entwurmungstabletten, für unsere anderen Hunde auf der Ranch mit. Dann packen wir die Welpen wieder in die Box und fahren zurück nach Hause.

Wir haben es wieder einmal geschafft. Wir haben wieder einmal Hunde gerettet, und vor jedem einzelnen liegt ein hoffentlich langes artgerechtes Leben auf unserer Ranch – mit ausreichend Futter und Wasser, viel Auslauf, ganz vielen Artgenossen und auch ganz viel Liebe. Mia wäre stolz auf mich. Mia, mit der das alles hier für mich begann und die mich auf den Weg brachte, der seitdem mein Ziel ist.

MIA UND BRUNO

Dieses Surren der Nadel machte mich verrückt. Ich habe mal gelesen, dass es bis zu 10 000 Stiche sind, die pro Minute unter die Haut gehen. Und jeder Stich tut weh. Es war im Juli 2012, ich war 23, lag bäuchlings auf einer Liege in einem Tattoo-Studio in Maspalomas auf Gran Canaria und schaute mir auf meinem Handy zur Ablenkung irgendwelche YouTube-Videos an, während Dragan meine Wade bearbeitete. Draußen auf der Strandpromenade war ordentlich was los, Leute mit Sonnenhüten auf dem Kopf pilgerten mit Strandmatten unterm Arm ans Meer. In Dragans Studio war es zum Glück ruhig – bis auf das nervige Surren der Nadel. Ich ließ mir mein drittes Tattoo stechen, die kroatische Flagge.

Dragan und ich kamen ins Reden. Es stellte sich heraus, dass er aus Serbien kam, und ich dachte nur: »Wie verrückt ist das denn?!« Ein Serbe tätowiert mir die kroatische Flagge auf Gran Canaria. Ich machte und mache es auch heute nicht aus Mode. Tattoos sind für mich ein Zeichen und Teil meiner eigenen Geschichte und meiner Identität.

Jedes Tattoo erzählt von einer Episode aus meinem Leben, von einem Erlebnis, einer Begegnung, die mich nachhaltig geprägt hat. Jedes Tattoo steht für etwas, an das ich glaube oder an das ich mich und auch andere erinnern möchte. So habe ich zum Beispiel auf meiner rechten Kopfseite, inspiriert von dem Film »Gladiator« mit Russell Crowe, ein Porträt von Maximus mit einem Tiger. Der Film hat mir damals zu verstehen gegeben, dass die Familie für einen Mann das Wichtigste sein muss. Er muss für seine Familie einstehen und für sie kämpfen. Unter meinem rechten Auge habe ich mir den Satz »Wir alle sind Sünder« tätowieren lassen. Es geht darum, dass so viele Menschen immer nach Perfektion streben, zum Beispiel was ihr Aussehen, ihren Charakter, ihr ganzes Leben, ihr ganzes Menschsein betrifft. Aber Fakt ist: Keiner von uns ist perfekt. Wir alle machen Fehler, wir alle sind Sünder, das gehört zum Leben dazu. Ebenso eine besondere Bedeutung haben für mich die Szenen aus dem Film »300«, die ich auf meiner Brust und dem Oberarm als Tattoo habe. Der Film basiert auf einer historischen Begebenheit. Es geht um die Schlacht im Jahr 480 vor Christus im antiken Griechenland, bei den Thermopylen, wo angeblich 300 Spartaner gegen eine Armee von fast 200 000 Persern, den Soldaten von König Xerxes I., kämpften und gewannen. Es ist für mich ein ganz wichtiges Tattoo, erinnert es mich doch jeden Tag daran, dass man sich nicht von einer vermeintlichen Größe abschrecken lassen sollte und dass das Unmögliche erreichbar ist, wenn man dafür kämpft. Das erste Tattoo habe ich mir übrigens mit 21 am Unterarm stechen lassen. Es ist ein Kreuz mit zwei Engeln, zur Erinnerung an all jene meiner Familienmitglieder, die im Bürgerkrieg gestorben sind. Aber das ist ein anderes Thema. Und dann, ich weiß nicht, warum, vielleicht weil gerade einer draußen vorbeilief oder in der Ferne bellte und mein Unterbewusstsein das irgendwie verarbeitete, beschloss ich: Ich hole mir einen Hund! Genau, ich hole mir einen Hund!

Ich weiß, das klingt total verrückt, das so quasi aus dem Nichts und aus dem Bauch heraus einfach zu beschließen. Doch es war ein tiefes Gefühl, ich kann das gar nicht anders beschreiben. Ich habe mir dabei auch gar nicht viel gedacht, geschweige denn wusste ich zu diesem Zeitpunkt viel über Hunde. Eigentlich war es sogar so, dass bislang in meinem Kopf Meinungen herumgegeistert waren von wegen »Hunde stinken«, »Hunde beißen«, »Hunde sind gefährlich«, »Hunde machen Dreck«. Darum war es eigentlich noch verrückter, dass für mich der Entschluss feststand. Ich wusste sogar auch schon, was für einen Hund ich haben wollte: eine Französische Bulldogge. Ich hatte so eine irgendwann einmal auf Facebook gesehen und gedacht: Dieser Hund passt zu mir. Auch mir sieht man nicht gleich an, was alles in mir steckt. Ach, Frenchi-Besitzer wissen schon, was ich meine.

Sobald ich wieder zurück in der Schweiz war, schaute ich im Internet, woher ich eine Französische Bulldogge bekommen konnte. Ich fand eine anerkannte Züchterin im Kanton Thurgau und rief sie an. Wie der Zufall es so wollte, hatte sie einen Wurf mit vier Welpen, gerade einmal fünf Wochen alt. Wir machten gleich einen Termin aus, und als ich dann vor Ort bei der Züchterin war, war ich megaaufgeregt. Und da kam sie auf mich zu. Sie war die Erste, die sich gleich auf ihren kurzen Beinchen in meine Richtung bewegte. Und ich weiß nicht, ob das Schicksal war: Aber sie war die Einzige aus dem Wurf, die noch frei war. Als ich dann auch noch hörte, dass sie am 4. Juli geboren war, dem Tag, an dem ich mich entschieden hatte, einen Hund zu holen, war die Sache für mich klar. Sie wird es!

Am 5. September, meinem 24. Geburtstag, holte ich sie ab und nannte sie »Mia«. Ich war damals ein großer Fan des FC Bayern München und möchte hier auch nur am Rande erwähnen, dass ich mir sogar nach der Champions-League-Niederlage gegen den FC Chelsea das Wappen des FC Bayern München auf die rechte Wade tätowieren lassen habe. Also war es auch für mich klar, dass der Name meines Hundes irgendetwas mit dem Verein zu tun haben sollte. Und das FC-Bayern-Motto »Mia san mia«, also ungefähr so etwas wie »wir sind wir«, drückte auch noch ein Gefühl aus, das zu mir passte. Darum »Mia«.

Schlafen Hunde eigentlich nachts? Wird wirklich jeder Hund stubenrein? Wie oft muss ich Futter geben? Was bekommen sie überhaupt zu fressen? Mein Gott, ich hatte echt von nichts eine Ahnung. Doch mein Vater war von meiner Idee begeistert. Gemeinsam hatten wir schon im Vorfeld eine Leine, ein Halsband und ein Körbchen besorgt – und alles, was ein Hund halt so braucht. Mein Vater hatte sich sogar zur Hälfte an den Kosten beteiligt. Meine Mutter hingegen war anfangs etwas skeptisch. Sie stammt aus einem Haushalt, in dem die Meinung vorherrschte, dass Hunde nichts im Haus zu suchen hätten. In den ersten beiden Tagen war sie daher auch sehr zurückhaltend und beobachtete Mia aus einer gewissen Distanz. Doch danach war Mia für sie wie ein Enkelkind. Statt Skepsis und Abneigung gab es nur noch ganz große Liebe.

Mia hatte Geduld mit mir und meiner Familie. Sie war so unkompliziert. Sie wusste, was sie brauchte, und brachte mir alles bei. Tag um Tag wurden wir mehr ein eingespieltes Team, und ich bemerkte eine Veränderung an und in mir. Ich spürte, dass dieses kleine Wesen etwas mit mir machte. Da war eine ganz besondere Verbindung zwischen uns. Sie weckte Gefühle von Zuneigung und auch Liebe in mir, die ich bis dato in dieser Form noch nicht gespürt hatte. Mag sein, dass das für manche komisch klingt, doch wer selbst einen Hund hat, weiß, glaube ich, was ich meine.

Rückblickend habe ich oft gedacht, dass das alles so vorherbestimmt war. Dass es genau so gekommen ist, wie es kommen sollte. Ich sollte Mia finden. Mia sollte mich finden, damit sie mir meinen Weg zeigt. Denn bis zu diesem Zeitpunkt, als Mia in mein Leben kam, war ich ein Mensch, der verzweifelt und ständig auf der Suche war. Ich war bis dahin eigentlich nie richtig über einen längeren Zeitraum glücklich gewesen. Mein Leben war immer Chaos, immer Unruhe, immer getrieben sein … Das begann schon, als ich noch ein sehr kleiner Junge war.

AUF DER FLUCHT

Anfangs sah eigentlich alles ganz gut aus. Als ich am 5. September 1989 in Bosnien, in Travnik, einer Stadt mit fast 50 000 Einwohnern, geboren wurde, hätte es der Beginn einer wunderbaren Kindheit werden können. Meine Eltern, Dragana und Mijo, waren sehr jung, als sie sich kennenlernten. Meine Mutter 16, mein Vater 22, und nur knapp ein Jahr später war meine Mama schwanger. Ich war nicht geplant, doch meine Eltern liebten sich. Daher war klar, dass sie das Baby im Bauch, also mich, behalten würden. Mein Papa war Förster und selbstständiger Steinmetz. Er hatte eine eigene Firma. Meine Mama ging damals noch zur Schule, als sie schwanger wurde. Nach der Geburt brach sie dann die Schule ab, um für mich da zu sein. Ich wurde geliebt, ich wurde versorgt. Alles war so, wie man sich einen guten Start ins Leben vorstellt.

Doch dann brach 1992 der Bürgerkrieg aus. Obwohl ich zu diesem Zeitpunkt erst drei Jahre alt war, kann ich mich noch an vieles von damals erinnern. Ich weiß zum Beispiel noch, dass sich alle aus dem Dorf bei uns am Haus versammelten, um abgeholt und in Sicherheit gebracht zu werden. Unser Haus war das vorletzte in der Straße, viele der anderen Häuser waren schon abgebrannt. Wir mussten dann auf die Ladefläche eines gelben Lasters klettern, der sonst Kies transportierte. Ich glaube, wir waren auf dem Laster um die 30 bis 40 Leute – Frauen, Männer, Kinder. Alle standen total dicht gedrängt; ich war auf dem Arm meiner Mutter. Was ich in diesem Moment gefühlt habe, weiß ich nicht mehr. Ich weiß nur noch, dass der Wagen während der Fahrt extrem ruckelte und dass einige der Frauen und Kinder weinten. Nach ungefähr einer halben Stunde kamen wir im Dorf Bučići an. Dort wurden wir von Verwandten abgeholt, die meine Mama, meine Großeltern und mich zu sich mit nach Hause nahmen. In Bučići waren wir vorerst sicher.

Mein Vater war zu der Zeit schon als Saisonarbeiter in der Schweiz. Er war immer für mehrere Monate dort, half vor allem in Restaurants aus und arbeitete manchmal 17 Stunden am Tag. Er war sich für nichts zu schade. Bei Ausbruch des Krieges wollte er mich, meine Mutter, meine Großmutter und meinen Großvater jedoch so schnell wie nur möglich bei sich haben. So schlug er sich schon wenige Wochen später bis nach Kroatien durch. Dort kannte er einen Helikopterpiloten, einen langjährigen guten Kollegen. Als er diesen bat, uns aus dem Kriegsgebiet auszufliegen, zögerte dieser keine Sekunde, wollte für den Flug auch kein Geld von meinem Vater annehmen. Für ihn war die Hilfe ein Ausdruck echter Solidarität, eine freundschaftliche Verbundenheit, die zeigte, wie stark man in der Not zusammenhalten muss. Ich finde das immer wieder wahnsinnig beeindruckend, wenn ich daran denke. Der Mann setzte für meinen Vater und für uns sein eigenes Leben aufs Spiel, denn natürlich hätte er beziehungsweise sein Hubschrauber auch angeschossen oder gar abgeschossen werden können. Auch riskierte er mit dieser Tat natürlich seine Lizenz. Aber das war ihm egal. Denn er konnte und wollte einem Freund helfen.

EIN STÜCK NORMALE KINDHEIT

Wir verbrachten einige Monate im Osten von Kroatien, in Požega, bevor wir schließlich nach Zagreb zogen. Dort hatte Papa für uns eine kleine Wohnung besorgt, ich hatte sogar ein eigenes Kinderzimmer. Mein Papa war dann wieder die meiste Zeit in der Schweiz, um dort zu arbeiten. Er schickte immer Geld, sodass es Mama und mir recht gut ging.

In Kroatien habe ich mich richtig wohlgefühlt. Wir hatten ein schönes Zuhause. Auch die Schulzeit war richtig schön. Ich hatte etliche Freunde, war Teil einer Gemeinschaft. Ich habe mit Judo angefangen. Das war die Idee meiner Eltern; sie wollten, dass ich mich verteidigen kann. Ich glaube, das hatte auch viel mit dem Krieg zu tun, mit der Angst, bei einem Angriff machtlos zu sein.

Ich fand Judo megainteressant und klasse. Und: Ich war richtig gut. Mit zehn war ich sogar kroatischer Judomeister bis 27 Kilo. Die Medaille, die ich dafür bekam, habe ich immer noch. Oder besser gesagt: Meine Mutter hat sie noch. Sie hat viele Dinge aus meiner Kindheit aufbewahrt: meinen Kimono vom Judo und dazu den orangefarbenen Gürtel. Mein Schulfreunde-Buch, wo alle Klassenkameraden reingeschrieben haben, die meisten sogar mit Foto. Mein kroatisches Trikot, mein Heiligtum. Es war ein Riesenereignis, als wir im Jahr 1998 bei der Fußball-WM Dritter wurden, so kurz nach dem Balkankrieg.

Die Zeit in Kroatien war für mich ein Stück normale Kindheit, die ich so noch nicht gekannt hatte. Nur meinen Papa habe ich vermisst. Der war die meiste Zeit eben in der Schweiz. Er kam uns alle paar Wochen besuchen und brachte dann immer Geschenke mit – Schokolade, Kleidung und für mich immer ein paar Münzen Kleingeld. Er erzählte dann auch, wie schön es in der Schweiz ist und wie gut es ihm da gefällt. Das machte mich neugierig, und so war ich auch kaum traurig, als wir, Mama und ich, Anfang 1999 meinem Papa in die Schweiz folgten. Ich war sehr aufgeregt und freute mich vor allem darauf, dass wir dann endlich als Familie zusammen sind.

GEKOMMEN, UM ZU BLEIBEN

In der Schweiz waren wir Flüchtlinge. Wir konnten nicht einfach eine Wohnung mieten. Daher mussten wir die ersten drei Monate in einem Flüchtlingscamp in Lungern verbringen. Ich glaube, wir waren da so um die 30 Leute, von überallher – vom Balkan, aus Afrika, aus Indien und was weiß ich noch. Es waren Männer, Frauen und viele Kinder. Und ganz ehrlich: Für die Umstände war es total okay. Die Schweizer Behörden sind sehr soziale Behörden, sie haben sich gut um uns gekümmert. Zudem: Ich war ein Kind. Ich hatte noch nicht so viel in meinem Leben gesehen. Meine Ansprüche waren nicht hoch. Und in der Unterkunft hatte ich ein Bett, alles war sauber. »Alles ist besser als Krieg«, sagte meine Mutter immer, und ich dachte dasselbe.

Mein Vater legte sich mächtig ins Zeug. Er wollte, dass wir so schnell wie möglich ein eigenes Zuhause hatten. Er besorgte uns eine Dreizimmerwohnung in Unterkulm, im Kanton Aargau, um die 50 Kilometer westlich von Zürich. Außerdem machte er Druck bei den Behörden, damit wir zügig unsere Papiere für den dauerhaften Aufenthalt in der Schweiz bekamen. Obwohl sich das hinzog, konnte ich schon zur Schule gehen. Ich kam in die Mitte der dritten Klasse. Der Anfang war echt schwierig: Ich kannte niemanden, ich sprach kein Wort Deutsch. Die Lehrer waren freundlich, die meisten Mitschüler auch. Doch es stand außer Frage: Ich war der Neue, ich war anders, ich sprach anders.

Ich wusste, dass ich mich da schon irgendwie durchwurschteln würde. Aber es war auch klar, dass ich vor allem ganz schnell Deutsch lernen musste, wenn ich dazugehören wollte. Denn so wie in den ersten Tagen konnte das nicht weitergehen. Da fragte mich ein Junge in der Pause: »Willst du eine Faust?« Ich weiß gar nicht, was genau ich mir darunter vorstellte, jedoch bestimmt nichts Böses, und meinte daher nur »Ja« – und schon schlug er mir ins Gesicht.

Ich freundete mich schnell mit dem Sohn unserer türkischen Nachbarn an. Fatih ging nicht nur auf dieselbe Schule wie ich, sondern auch in meine Klasse. Er war wie ich. Er war da, er gehörte irgendwie dazu, aber irgendwie auch nicht. Wir verbrachten fast jeden Nachmittag zusammen und machten vor allem das, was Jungs in dem Alter so machen: Video spielen.

JUGENDJAHRE IN DER SCHWEIZ

Ich war ein fauler Schüler. Der Unterricht hat mich meist gelangweilt. Am schlimmsten waren für mich Mathe und Deutsch. Sport fand ich toll, doch am interessantesten fand ich Geschichte. Ich glaube, dieses Interesse hat mir mein Vater mit auf den Weg gegeben. Mein Vater hatte ein großes Allgemeinwissen. Er hat mir erzählt, dass er während seiner Schulzeit fünf Jahre in Folge zu den belesensten Schülern mit den besten Noten zählte. Er hat mir viel vorgelesen, immer von irgendwelchen Königreichen, Kriegen und Landeroberungen. Ich fand das spannend, megaspannend. Doch in der Schule kamen diese Sachen nicht so häufig vor. Das hat mich enttäuscht, und so war lange mein absoluter Wunsch, später Geschichtslehrer zu werden. Ich wollte das anders machen. Ich wollte es wie mein Vater machen und den Kindern und Jugendlichen Geschichten erzählen und vorlesen. Doch leider war ich eben ein fauler Schüler, was sich auf meine Noten auswirkte. Ich weiß gar nicht genau, was ich am Ende für einen Schnitt hatte. Ich weiß nur noch, dass ich einfach heilfroh war, als ich endlich den Realschulabschluss in der Tasche hatte.

Ich bewarb mich und erhielt bei »Pneu Egger« im Ort Unterentfelden einen Ausbildungsplatz zum Reifenpraktiker. Die kannten mich noch von den Praktika-Tagen in der Schule; da konnte man in verschiedene Branchen reinschnuppern, und ich war bei Pneu Egger gewesen. Zwar war ich da nicht der beste Lehrling und wurde auch zwischendurch krank, aber dafür war ich dann samstags und sonntags in der Werkstatt. Ich glaube, dieser Einsatz hat sie beeindruckt.

Über den Job war ich megaglücklich. Erstens war es ehrlich gesagt der einzige, den ich bekommen hatte, und zweitens war der Geschäftsführer, der Giancarlo, richtig nett. Wir konnten als Auszubildende viel ausprobieren, mussten Reifen montieren und demontieren, Reifen reparieren, putzen und lagern, den Luftdruck messen und gegebenenfalls die Reifen aufpumpen. Wir mussten die Reifen auswuchten, also dafür sorgen, dass sie sich gleichmäßig drehten, und noch vieles mehr. Die Arbeit hat mir sogar Spaß gemacht. Wir waren in der Werkstatt ein tolles Team, die Kunden waren immer sehr zufrieden mit unserer Arbeit und meine Eltern waren sehr stolz auf mich.

Mein Lehrlingsgehalt betrug im Monat um die 450 Schweizer Franken, 200 davon habe ich meinen Eltern gegeben. Nicht weil ich musste, sondern weil ich wollte. Es war für mich die Möglichkeit, sie finanziell wenigstens etwas zu entlasten und mich ihnen gegenüber dankbar zu zeigen, dass sie da sind, dass sie mich lieben und mir immer zur Seite stehen.

Das Verhältnis zu meinen Eltern war immer gut und ich habe sie megalieb. Allerdings herrschte bei uns oft auch eine gedrückte Stimmung. Wir hatten enorme finanzielle Probleme. Dazu muss man wissen: Wir hatten vor dem Krieg in Bosnien eine eigene Steinmetzfirma gehabt. Sie hatte den Eltern meines Vaters gehört. Mein Großvater hatte als Steinmetzmeister selbst noch viel mitgearbeitet und meine Oma hatte sich immer um die Buchhaltung, um die ganzen Finanzgeschichten gekümmert. Meine Oma starb leider 1996 in Zagreb. Meinen Großvater nahm ihr Tod wahnsinnig mit, mehrmals versuchte er sogar, sich das Leben zu nehmen, weil die Liebe seines Lebens nicht mehr da war. Mein Vater, der sah, wie schlecht es seinem Vater ging, wollte für ihn eine neue Perspektive schaffen. Er nahm einen Kredit auf, damit mein Großvater wieder zurück nach Bosnien, in sein Dorf Guča Gora, gehen konnte. Dort renovierte er sein Haus, gründete eine neue Steinmetzfirma und stellte sogar Leute ein. Die Firma hatte viele Aufträge, es lief eigentlich ganz gut, doch mein Großvater war ein Arbeiter, kein Zahlenmensch. Seine Angestellten verarschten ihn dann auch total und beklauten ihn. Sie kassierten einfach des Öfteren selbst bei den Auftragsfirmen ab. Als mein Großvater oder eher noch mein Vater dahinterkam, war es schon zu spät: Die Firma musste Konkurs anmelden.

Trotz der Pleite musste mein Vater den Kredit abzahlen. Das war echt hart. Die Geldsorgen belasteten unser Familienleben sehr. Als mein Vater dann Mitte 30 auch noch krank wurde und sich seine Sehkraft immer mehr verringerte, wurde es besonders schlimm. Er bekam immer weniger Jobs und es gab echt Tage, da betete ich, dass wir etwas zu essen kaufen können.

JÄGERMEISTER UND BALKAN-MUCKE

Als ich um die 20 war, hatte ich viele Freunde. Wir waren immer eine große Gruppe, bestimmt so um die 12 bis 15 Leute, alle zwischen 18 und 22. Mehrheitlich waren wir Ausländer, eine Clique bestehend aus etlichen Türken, Ex-Jugoslawen, Italienern und Schweizern. Wir trafen uns abends oft mit unseren Autos am Zürichsee, in der Nähe vom Bellevueplatz, tranken Bier und Jägermeister, viel Bier und Jägermeister, und hörten Musik – Balkan-Mucke, Jugo-Musik. Einer aus unserer Gruppe, Pascha, konnte richtig gut singen. Es war immer eine tolle Stimmung.

Ich war ein typischer Halbstarker, fühlte mich cool und dachte: »Mir kann keiner was, ich hab schon alles im Griff.« Dass dem nicht so war, musste ich allerdings ziemlich schnell merken. Insgesamt zwei Mal musste ich wegen Trunkenheit am Steuer meinen Führerschein abgeben. Das eine Mal saßen wir zu viert im Auto. Wir kamen gerade vom Feiern am See. Ich war gar nicht schnell gefahren, doch ich war einfach zu betrunken und überschätzte mich und meinen Zustand total. Ich geriet ins Schleudern und rammte ein Auto. Der Sachschaden war zum Glück nicht so hoch und für mich auch eher nebensächlich. Denn die Hauptsache war, dass es keine Verletzten gab. Das andere Mal holte ich ohne Führerschein meine Cousine von einer Party ab und wurde erwischt. Und auch als ich angetrunken meinen Vater von seinem Weihnachtsessen abholen wollte, überschätzte ich mich und unterschätzte das Glatteis und baute so einen Unfall.

Ich bin auf diese Dinge nicht stolz und ich erzähle sie im Grunde auch nur, weil sie viel über mich und mein vorheriges Leben, mein Leben vor Mia und den Hunden, sagen.

DAS ERSTE MAL BODYBUILDING!

Mit meinem Führerschein verlor ich auch viele meiner Freunde. Das war für mich eine einschneidende Erkenntnis. Ich war plötzlich draußen, gehörte nicht mehr richtig dazu, bekam keine Anrufe und keine SMS mehr mit der Frage, ob wir uns treffen wollen.

So blöd das war – im Nachhinein war es ein, mein Glücksfall. Denn ohne Auto und die anderen wurde mir langweilig und ich war froh, als mich ein alter Kumpel fragte, ob ich mit ihm ins Gym kommen wolle. Er nahm mich dann mit in ein »Swiss Training«-Studio in Aarau. Da war ich allerdings gleich nach zehn Minuten wieder draußen und dachte nur: »So ein Blödsinn! Was soll das denn? Das mache ich nicht!« Das Studio war voll mit irgendwelchen Typen, die da völlig verschwitzt und laut stöhnend auf engem Raum irgendwelche Gewichte stemmten. Einladend sah das für mich nicht aus. Doch mein Kumpel meinte, ich solle das einfach mal probieren. Das mache Spaß, und gut für die Gesundheit sei es auch. Hey, ich wog damals bei meinen 175 Zentimetern um die 60 Kilo. Das war nicht viel für einen jungen Mann. Ich war eher schlaksig. So gesehen hatte ich schon Bock auf ein paar mehr Muskeln. Ich ging dann tatsächlich fast jeden Tag in dieses Studio, meist allein, trainierte dort immer für zwei, drei Stunden. Die Beine waren mir egal, ich machte vor allem Übungen für den Oberkörper und die Arme, insbesondere die Bizepse. Ich war da ein richtiger »Discopumper«, wie das in der Szene heißt.

Das Bodybuilding-Studio wurde für mich in den kommenden Jahren zu meiner Timeout-Zone. Ich merkte, dass der Sport für mich ein gutes Ventil war. Ich konnte mich im Studio komplett auspowern, meinen Frust über mein gerade verkorkstes Dasein abbauen und mich ablenken – ablenken von den Schwierigkeiten zu Hause, vor allem den finanziellen Problemen. Auch ging es meiner Mutter damals nicht gut. Sie hatte durch die Arbeit in einer Jalousien-Fabrik immer wieder starke Schmerzen in den Händen. Das belastete auch mich. Ich machte mir andauernd Sorgen um sie. Doch im Studio waren diese Sorgen weit weg. Ich war da komplett in einer anderen Welt.

Nach einiger Zeit wechselte ich das Studio und schloss ein Abo im Sporting-Fitnesscenter in Suhr ab. Dort trainierte einfach ein anderes Kaliber an Sportlern. Jeder zweite von den Typen sah aus wie eine richtige Maschine und ich dachte nur: »Warum sehe ich nicht so aus? Ich trainiere doch auch schon fast drei Jahre. Was mache ich falsch?« Mir war klar: So wie die Typen wollte ich auch aussehen!

Dieses Aussehen verkörperte damals und verkörpert auch heute noch für mich eine gewisse Männlichkeit, aber nicht gleichzeitig meinen Charakter. Klar weiß ich, dass ich so muskelbepackt nicht jedem Menschen gefalle. Doch das ist mir egal. Denn ich will auch gar nicht jedem Menschen gefallen. Ich will nicht in das System passen müssen, wenn ich mich nicht danach fühle. Wichtiger ist mir meine Authentizität. Ich möchte mir bei allem, was ich tue, treu sein und einfach das Beste aus mir herausholen, einfach die bestmögliche Version von mir sein. Das ist heute als »Godfather of Dogs« der Fall, genauso wie es damals und heute als Bodybuilder der Fall ist.

GROSSER BIZEPS, GROSSE PROBLEME

Im Sporting-Fitnesscenter lernte ich schnell neue Leute kennen. Einer davon war ein Typ, den ich namentlich nicht nennen möchte. Er war um die 40, sah gut aus, hatte eine sehr athletische Figur. Ich fragte ihn daher, ob er nicht mein Coach sein wolle. Auch fragte ich ihn, was er von Anabolika halten würde. Ich hatte darüber schon viel im Internet gelesen, hatte aber eine gewisse Angst vor dem Zeug; ich wollte mir nicht meine Gesundheit ruinieren. Der Typ aber sagte, dass ich mir da keine Gedanken machen müsse, das sei völlig okay und normal. Er holte dann ein paar Tütchen und kleine Dosen hervor und meinte, ich solle die Sachen ruhig mal nehmen, dann würde ich auch bald so einen Körper haben wie er und all die anderen in dem Studio. Aus heutiger Perspektive gesehen war das schon erschreckend: Ich dachte, der Typ meinte es gut mit mir, doch der wollte nur Geschäfte machen und bot mir Anabolika, also Testosteron und andere Supplements, an. Um es kurz zu machen: Ich kaufte das Zeug, ohne zu zögern. Ich war naiv. Ich dachte, das ist die alleinige Lösung, um so auszusehen wie all die anderen Typen.

Es war nicht normal. Binnen kürzester Zeit wog ich 25 Kilo mehr. Meine Beine waren breiter, meine Arme, meine Bizepse waren breiter, mein ganzer Oberkörper – vom Discopumper wurde ich zum Bodybuilder. Ich habe das nie wie viele andere ausgemessen. Denn mir ging es gar nicht so um Maße. Was für mich eine Rolle spielte, war die Ästhetik. Und die stimmte für mich. Ich musste mir komplett neue Klamotten kaufen. Denn passten mir vorher Shirts in 32 bis 34, also eher XS, brauchte ich auf einmal Größe 44 bis 46, was XL entspricht. Wie erwähnt: Es war absolut verrückt!

So genial ich es damals fand, so schlimm finde ich es heute. Rückblickend bereue ich sehr, das Zeug genommen zu haben, und kann nur ausdrücklich davor warnen und abraten. Es war ein fataler Fehler. Denn es ist eine Sucht, die dein Leben zerstören kann und an der Menschen bereits gestorben sind.

Gerade wenn man jung ist, und heute kommen Jungs ja schon teilweise mit 13, 14 in die Studios, realisiert man gar nicht, wie schnell man da in so einer Spirale ist. Ich habe das bei mir selbst gemerkt, wie schnell ich von dem Zeug beziehungsweise von dem Wunsch, noch mehr Muskeln zu bekommen, abhängig geworden bin. Ich konnte teilweise an gar nichts anderes mehr denken, hatte zeitweise auch gar kein soziales Leben mehr. Alles drehte sich nur um noch mehr Muskeln, noch mehr Muskeln.

Nicht nur, dass ich natürlich jeden Tag im Studio war, ich bereitete mir auch jeden Tag fünf- bis sechsmal meine Ernährung vor. So war ich eigentlich permanent unter »Stoff«, also unter Einwirkung irgendwelcher Pillen. Damals machte ich mir keine Gedanken darüber, was dieses Zeug mit mir machen könnte. Allerdings dachte ich manchmal, dass es meine Psyche schon negativ belastete. Ich merkte, ich war aggressiver, dünnhäutiger. Da zog ich mich immer mehr zurück, denn ich wollte damit meine Familie nicht belasten. Ich wollte das allein für mich klären. Es war schon damals mein Ding, Schwierigkeiten im Leben selbst anzugehen, und das hat mich in meiner inneren Stärke nur gekräftigt.

Wenn ich heute über all das nachdenke: völlig verrückt! Ich schäme mich sehr dafür, dass ich so leichtgläubig und naiv war und das Zeug einfach unbedacht genommen habe. Doch damals war ich auf der Suche nach mir selbst. Ich wusste einfach nichts mit mir und meinem Leben anzufangen. Das soll jetzt keine Entschuldigung sein, aber eine Erklärung. Die Fitnesswelt war für mich eine Chance. Ich war gut darin, die Leute schauten mich interessiert an. Ich gehörte nicht nur dazu, ich war da jemand. Manche kamen nach dem Training zu mir und fragten mich um Tipps, wie sie besser und effektiver trainieren können. Das war schon ein cooles Gefühl, das ich bis dato in dieser Form noch nicht kannte.

TIERISCH GLÜCKLICH

Und dann kam Mia. Meine »Bönzu«, wie ich sie immer liebevoll nannte. Es war ihr Spitzname, abgeleitet von »Süße Bohne«. Bönzu krempelte mein Leben komplett um. Vor Mia befand ich mich in einer meiner dunkelsten Phasen und kämpfte oftmals mit mentalen Tiefs. Es war zwar nicht so schlimm, dass ich professionelle Hilfe in Anspruch nehmen musste, aber ich hatte mit vielen Problemen zu kämpfen und fühlte mich oft schlecht und niedergeschlagen. Mit Mia wurde dies anders. Sie gab meinem Leben einen Sinn und ihre bedingungslose Liebe und Präsenz halfen mir, die Hoffnung nicht zu verlieren.

Ich nahm die kleine Hundedame oft mit ins Studio. Sie lag dann einfach in ihrem Körbchen und schaute zu, wie ich meine Übungen machte. Und, kaum verwunderlich: Binnen kürzester Zeit war Mia Everybody's Darling! Sie hatte die Fähigkeit, sich in die Herzen aller zu schleichen. Nie stand sie im Weg, nie stresste sie jemanden. Mia war einfach mein Schatten, der mir überallhin folgte. Da, wo ich war, war meine Bönzu – unaufdringlich und doch präsent.

Viele der Leute im Studio liebten es, mit ihr zu spielen, sie zu streicheln und mit ihr Zeit zu verbringen. Es war so, als würde sie die Menschen spüren, die ins Gym kamen. Jeden Einzelnen begrüßte sie mit einer freundlichen Gelassenheit, und wenn wir gingen, machte sie noch einmal die Runde und verabschiedete sich von jedem – eine liebenswürdige Geste. Für die meisten war Mia ein kleiner Lichtblick im Alltag, eine treue Begleiterin, die immer für gute Laune sorgte.

Mia wurde an allen Orten, die ich regelmäßig besuchte, zum Maskottchen. Hatte ich bis dahin viel Geld für jede Menge Blödsinn ausgegeben, setzte ich ab sofort eine andere Priorität: Mia sollte es gut haben. Mittlerweile hatte ich erkannt, dass Anabolika nicht die alleinige Lösung für einen trainierten Körper sein können. Ich hatte viel ausprobiert und zugeschaut, wie andere trainierten, und mir war klar geworden: Die Lösung lag nicht in den

Pillen, sondern in der Technik und in meiner mentalen Einstellung. Ich bewegte die Gewichte nicht mit meinen Muskeln, sondern mit meinen Gelenken. Es ging um die Muscle-Mind-Connection. Aber okay, dies hier weiter auszuführen ist nicht wichtig. Wichtig für mich war und ist die Erkenntnis: Ich brauche keine Anabolika, um einen durchtrainierten Körper zu haben. Keiner braucht so Zeug, und so kann ich nur noch einmal betonen, unbedingt die Finger davon zu lassen.

ERSTE SCHRITTE INS BERUFSLEBEN

Das gute konstante Training machte sich bezahlt – auch jobmäßig. Ich wurde Geschäftsführer eines Supplement-Shops in Zürich und lernte so im November 2014 Erko Jun kennen. Ich hatte ihn angeschrieben und gefragt, ob er nicht für ein Meet & Greet mit unseren Kundinnen und Kunden vorbeikommen möge. Erko arbeitete damals schon erfolgreich als Fitnessmodell. Er ist auch Bosnier, im selben Alter wie ich, und musste ebenfalls mit seiner Familie wegen des Krieges fliehen. Wir verstanden uns auf Anhieb, konnten über alles Mögliche offen miteinander reden. Manchmal stimmt die Chemie vom ersten Augenblick an – so war es mit Erko.

Erko öffnete mir die Tür in das professionelle Bodybuilding-Business. Er stellte mich einigen Leuten vor, zum Beispiel den Verantwortlichen von Body Engineers, einer beliebten Marke für Fitnesskleidung. Die hatten damals die bekanntesten Player der Szene unter Vertrag oder arbeiteten eng mit ihnen zusammen – darunter Sergi Constance, Jaco de Bruyn, Tavi Castro, Lazar Angelov und eben Erko Jun. Natürlich kannte ich diese Größen aus den sozialen Medien wie Facebook und aus Fitnesszeitschriften. Als daher die Verantwortlichen von Body Engineers meinten, dass sie mich gut finden und gerne auch mit mir zusammenarbeiten würden, kippte ich fast vom Stuhl. Ich konnte es kaum glauben, Teil dieser Gruppe von renommierten Athleten zu werden. Es war ein gewaltiger Meilenstein für mich, mit denjenigen zusammenzuarbeiten, die ich seit Jahren bewunderte. In einem Atemzug mit diesen großen Namen genannt zu werden, das war für mich eine unglaubliche Ehre und Bestätigung. Es zeigte mir, dass sich all meine harte Arbeit und Hingabe gelohnt hatte.

Ich machte dann als Model für die Marke auf deren Social-Media-Kanälen, vor allem auf Instagram, ein wenig Werbung. Einfach so, ohne Bezahlung und Vertrag. Denn ich sammelte Erfahrung, Spaß machte es auch noch und überdies bekam ich von denen für die Jobs ein paar Kleidungssachen gratis.

Es war eine aufregende Zeit, und ich glaube, das Beständigste in diesen Tagen, Wochen und Monaten war Mia. Die Spaziergänge mit ihr taten mir gut, sie erdeten mich wahrlich. Ich kam zur Ruhe. Sie beim Spielen zu beobachten, mit ihr auf dem Sofa zu kuscheln, mit ihr morgens im Bett aufzuwachen – sie war einfach mein Anker, der mir Kraft gab. Mit jedem Tag, den wir zusammen verbrachten, blühte ich mehr und mehr auf.

Ich merkte, dass Mia mich mehr und mehr auf einen, auf meinen Weg brachte. Ich wurde ruhiger, weniger impulsiv und dafür geduldiger. Doch in mir war noch immer ein ungutes Gefühl, das mich daran hinderte, richtig vorwärtszukommen. Die Vergangenheit ließ sich einfach nicht leugnen, und ich hatte damals eben viel Mist gemacht und den einen oder anderen Menschen emotional verletzt. Ich würde sogar so weit gehen zu sagen, dass ich manchmal ein schlechter oder zumindest kein guter Mensch gewesen war. Das nagte an mir. Denn das war und bin nicht ich. Und ich bin keiner, dem es egal ist, wenn er falsch gehandelt hat.

Mir fiel die Fernsehserie »Mein Name ist Earl« ein, wo ein Mann sich ein Rubbellos kauft, 100 000 Dollar gewinnt, dann aber von einem Auto angefahren wird und im Krankenhaus landet. Der Typ glaubt, dass sein Unfall irgendetwas mit Karma zu tun hat, und beschließt, sein Leben völlig umzukrempeln. Er will sich mit allen Menschen, die bisher unter ihm gelitten haben, wieder gut stellen. Jede Episode zeigt, wie Earl eine seiner schlechten Taten in Angriff nimmt und versucht, das Unrecht zu korrigieren. Die Geschichte basiert auf der Idee, dass die Handlungen eines Menschen – sowohl gute als auch schlechte – sein Schicksal beeinflussen.

Diese Serie, konkret Earl, inspirierte mich. Ich glaube seitdem ebenfalls fest an das Karma im Leben. Es ist eine Überzeugung, die mich dazu gebracht hat, bewusster über meine eigenen Taten nachzudenken und vor allem auch über deren Auswirkungen auf mein Leben und die Menschen um mich herum.

Ich hatte eine gute Zeit, es lief. So hörte ich zum Beispiel als Geschäftsführer in dem Supplement-Job auf und wechselte zu Orga Soft in Gröbenzell, in der Nähe von München. Es war ein ordentlicher Karrieresprung. Bei

Orga Soft war ich Junior-Software-Entwickler und es bot sich mir die Gelegenheit, mein Wissen und meine Fähigkeiten weiter auszubauen. Bereits 2012 hatte ich kurz einen Job bei der Swisscom in Olten als Sachbearbeiter und Disponent in der IT, den ich aber wegen Mia gekündigt hatte, weil sie da nicht mitdurfte. Doch der Job an sich hatte mir Spaß gemacht. Ich hatte zwar keine richtige Ausbildung in Sachen Computer, doch ein Bekannter meines Vaters, ein Software-Spezialist, hatte mir schon früher, als ich noch zur Schule ging, etliche Dinge beigebracht. Er hatte mir gezeigt, wie man PCs auseinanderbaut und sie wieder zusammensetzt, Computerteile austauscht und Computer neu aufsetzt, also Software installiert und deinstalliert. Außerdem lehrte er mich, wie man programmiert. Dafür hatte ihn mein Vater bezahlt, weil er dachte, dass mir dieses Wissen nicht schaden könnte. Womit er recht hatte.

Der Job bei Orga Soft war klasse und hatte Potenzial. Ich wäre sicher noch etliche Jahre dabeigeblieben, hätte mich nicht Ende 2016 Sandro Hofer kontaktiert und gefragt, ob ich sein Partner bei einer Geschäftsidee, einem Fitnesscenter in Zürich-Seebach, werden möchte.

BACK TO THE ROOTS

Ich hatte Sandro 2012 kennengelernt, wenige Monate bevor ich bei der Swisscom anfing. Ich lebte damals in Spreitenbach, knapp 20 Kilometer nördlich von Zürich, und besuchte regelmäßig das David Gym, ein in der Schweiz bekanntes Bodybuilding-Studio. Dort tauchte eines Tages ein beeindruckender Athlet auf, Sandro, der mich mit seiner Ausstrahlung, seinem ganzen Auftreten und seinem Erscheinungsbild sofort in seinen Bann zog. Ich sprach ihn gleich an und fragte, ob er Interesse hätte, mit mir zu trainieren. Doch Sandro, in seiner typisch direkten Art, antwortete trocken mit einem klaren »Nein«.

Ich war echt schockiert und sprachlos und wusste zunächst nicht, wie ich auf diese unerwartete Abfuhr reagieren sollte. Aber ich wollte auch nicht aufgeben. Am nächsten Tag kam Sandro wieder in das Gym und ich sprach ihn erneut an. Dieses Mal war es anders. Sandro erkundigte sich nach meiner Herkunft, meinem Beruf und wo ich lebte. Es stellte sich heraus, dass Sandro nur wenige Minuten von dem Supplement-Shop, in dem ich noch arbeitete, entfernt wohnte. Kurze Zeit später besuchte Sandro mich dann in dem Shop. Nach der Begrüßung meinte er, ich solle mich mal bis auf die Unterhose ausziehen. Das mag für Außenstehende jetzt komisch klingen, doch beim Bodybuilding geht es ja um die Muskeldefinition, um eine gut sichtbare Muskulatur. Auch bei Wettkämpfen trägt man daher ja nur ein kurzes Höschen, denn es geht um das Gesamtpaket.

Nun, jedenfalls zog ich Shirt und Hose aus und Sandro meinte: »So beschissen siehst du gar nicht aus!« Diese ehrliche, aber freundliche Bemerkung legte den Grundstein für eine enge Freundschaft zwischen uns. Sandro wurde für mich zu einem Mentor. Er war wie ein großer Bruder, von dem ich extrem viel fürs Leben lernen konnte. Sandro entwickelte sich in den folgenden Jahren zu einem der bekanntesten Schweizer Bodybuilder. Er gewann wichtige Wettkämpfe der Szene wie 2013 die Arnold Classic Europe, wurde dadurch Profi und war auch als solcher ziemlich erfolgreich.

Er war einfach ein Megatyp, und wenn es jemals in meinem Leben so etwas wie ein Idol oder Vorbild gab, dann war es Sandro Hofer.

Als mich Sandro 2016 anrief und fragte, ob ich mit in sein Business einsteigen möchte, kam ich deshalb auch total ins Schwanken. Denn obgleich ich meinen Job bei Orga Soft gerne mochte – Sandro war in der Bodybuilding-Szene eine große Nummer, und sein Angebot war für mich eine weitere, eine neue Chance. Und so kündigte ich dann tatsächlich meinen Job bei Orga Soft und schmiedete mit Sandro Pläne, freute mich auf die Zusammenarbeit mit ihm. Alles war wunderbar – bis ich am 10. März 2017 einen Anruf erhielt und erfuhr, dass Sandro wenige Stunden zuvor aus dem Fenster eines Bordells in Zürich zehn Meter in die Tiefe gestürzt und gestorben war. Ich war total fertig. Bis heute glaube ich nicht an einen Unfall und schon gar nicht an einen Suizid. Sandro hatte Pläne, wir hatten Pläne. Er hätte sich nicht das Leben genommen. Davon bin ich überzeugt. Sandro war ein Macher. Er wusste immer eine Lösung.

Sandro war tot, ich war emotional total fertig und zudem auch noch ohne Job. Meine ganzen Zukunftspläne waren mit Sandro gestorben. Ich wusste, dass ich gerne etwas im Bodybuilding-Bereich machen würde, und fing an zu coachen. Ich sah es auch als so etwas wie Sandros Erbe an. Ich wollte auch für ihn unseren gemeinsamen Traum verwirklichen. Doch wie das genau aussehen sollte, darüber war ich mir nicht im Klaren. Ich war aufgewühlt und durcheinander. Sandros Tod hatte mir deutlich gemacht, wie schnell alles vorbei sein konnte, wie fragil doch alles war.

Ich dachte viel nach: Was war eigentlich wichtig im Leben? Wer war eigentlich wichtig im Leben, in meinem Leben? Was wollte ich? Und was wollte ich nicht? Ich merkte, dass ich Abstand brauchte, um klare Gedanken fassen zu können und um überhaupt wieder nach vorne schauen zu können. Darum beschloss ich im Oktober 2018, mir eine kleine Auszeit vom Alltag zu nehmen.

Lange, an die neun Jahre, war ich nicht mehr in Bosnien gewesen. Ich fand, dass es ein guter Zeitpunkt wäre, zurückzukehren zu meinen Wurzeln. Also packte ich Mia ins Auto, um nach Bosnien zu fahren und dort meinen Vater und andere Verwandte zu besuchen. Ich ahnte damals nicht, dass es der Beginn eines neuen Lebensabschnitts für mich sein würde …

TORVI UND MILA

Sie saß einfach da. Um sie herum leere Konserven, leere Tüten, Abfälle. Ein paar Meter weiter fuhren die Autos vorbei, keiner bremste, keiner würdigte sie eines Blickes. Mitten in der Natur, auf der Strecke zwischen dem Ort Nova Bila, von wo ich gerade herkam und die Eltern meiner Mutter besucht hatte, und dem Ort Guča Gora, wo mein Vater lebte und wo ich hinwollte, sah ich sie sitzen: eine kleine Hündin, weiß mit schwarzen Flecken, vielleicht vier, fünf Monate alt. Mia schaute aus dem Fenster, ich schaute aus dem Fenster. Ich weiß nicht, was meiner treuen Gefährtin durch den Kopf ging, doch mir schnürte es die Kehle zu. Der kleine Engel saß da einfach mitten in dem ganzen Müll. Womöglich hatten Leute sie dort abgesetzt, weil sie in den Augen dieser Menschen auch nur Müll war. Ich sah genauer hin – und entdeckte etwas versteckt einen weiteren Hundewelpen, bestimmt auch erst vier, fünf Monate alt. Wahrscheinlich waren die beiden Geschwister.

Mia und ich fuhren sofort zum nächsten Lebensmittelladen und kauften ein paar Dosen Hundefutter. Ich wollte zurück zu den beiden, ich bekam diesen Blick nicht aus meinem Kopf. Wie lange saß der Welpe wohl schon da?

Torvi, wie ich die Hündin später nannte, nach einer starken Frau aus der Serie »Vikings«, die sich nicht unterkriegen lässt, war der erste Straßenhund, den ich gefüttert habe. Ich weiß noch, wie aufgeregt ich damals war, wie mein Herz flatterte, als ich den Wagen abstellte, das Dosenfutter nahm und mich ihr näherte. Ich hatte schon so viel Schlimmes über Straßenhunde gehört – nicht von meinen Eltern, sondern von irgendwelchen anderen Leuten – und das nie hinterfragt. Daher hatte ich regelrecht Angst vor diesem kleinen Hundewelpen. Vielleicht würde sie mich gleich anfallen und beißen?! Ich näherte mich ihr vorsichtig und langsam, denn ich hatte echt extrem viel Respekt – und ja, vielleicht dachte die kleine Hündin ähnlich. Was wusste sie da auch schon über Menschen? Wahrscheinlich nicht viel Gutes.

Als ich die Dose öffnete und das Fleisch auf ein paar herumstehende Teller kippte, kam sie gleich an, wedelte mit dem Schwanz, schaute mich an und fraß glücklich das Futter. Für mich war das ein magischer Augenblick, denn in diesem Moment wusste ich: Das war alles Blödsinn, was die Leute über Hunde, über Straßenhunde erzählt hatten. Binnen weniger Sekunden war all das ausgelöscht, was sich über Jahre in meinem Kopf festgesetzt hatte. Stattdessen breitete sich dort ein neues Wissen aus: Diese Hunde sind allein! Diese Hunde brauchen Hilfe!

Als ich wieder ins Auto stieg, verfolgten mich die Blicke des Welpen. Und mein Gott, es fiel mir echt schwer, den kleinen Engel da sitzen zu lassen. Aber ich hatte ihr das Versprechen gegeben, gleich am nächsten Tag wieder nach ihr und ihrem Bruder zu schauen, sie vielleicht sogar zu retten, ihr vielleicht ein neues, ein richtiges Zuhause zu geben. Doch dafür musste ich vorher noch etwas klären.

Ich fuhr zu meinem Vater, und auf dem Weg dorthin sah ich sie nun überall: Hunde, große und kleine, die durch die Straßen streunten und nach Fressbarem suchten. Sie waren verwahrlost, abgemagert, manche hatten offene blutende Wunden. Manche saßen einfach nur da, schauten ins Leere. Es waren Hunde, die kein Zuhause hatten. Auf die keiner wartete, die einfach nirgendwo willkommen waren. Die Begegnung mit Torvi hatte mir buchstäblich die Augen geöffnet, denn ich hatte diese Hunde die ganze Zeit zuvor nicht wahrgenommen.

Abends saß ich mit meinem Vater zusammen und erzählte ihm von all den Hunden, aber insbesondere von Torvi und Mogli, wie ich die Geschwister nannte, von all dem Müll. Mein Vater, der große Hundefreund, willigte ein, dass wir die beiden zu uns holten.

Gleich am nächsten Morgen fuhr ich los. Als ob sie sich die ganze Zeit nicht bewegt hätte, saß Torvi wieder da. Auch Mogli konnte ich sehen. Ich holte wieder etwas Futter hervor, und Torvi kam sofort zu mir, wedelte mit dem Schwanz, freute sich. Ich konnte sie streicheln, problemlos vorsichtig hochheben und ins Auto setzen. Die ganze Zeit über flüsterte ich ihr liebe Worte zu.

Mit Mogli war es nicht so leicht. Sobald ich mich ihm näherte, flitzte er weg. Wieder und wieder versuchte ich ihn mit Futter anzulocken, redete ihm gut zu – doch keine Chance. Um es vorwegzunehmen: Ich konnte Mogli nicht retten. Ich habe wirklich alles versucht. Als ich merkte, dass ich es allein nicht schaffte, und als mein Vater merkte, wie sehr mich das aufwühlte, mobilisierte er sogar noch drei Freunde von sich. So versuchten wir zu viert, Mogli einzufangen. In meiner Verzweiflung mischten wir sogar etwas Sedalin, ein Mittel zum Sedieren, in das Futter, mit dem wir ihn anlockten. Er fraß es auch, und als ich merkte, dass er leicht taumelte, näherte ich mich ihm vorsichtig. Doch als ich bis auf einen halben Meter an ihn herangekommen war, schaute er mich erschrocken an und rannte trotz Sedativum davon, so groß war seine Angst.

Vier Tage hintereinander versuchte ich, Mogli zu retten, ohne Erfolg. Dann war er nicht mehr da. Auch die Freunde meines Vaters, die mir geholfen hatten, erzählten mir, dass sie Mogli nie wieder gesehen hatten. Der Gedanke an ihn macht mich noch heute unendlich traurig. Ich habe mir auf der rechten Seite meines Halses ein ganzes Herz für Torvi tätowieren lassen und ein halbes für Mogli, da wir ihn nicht retten konnten.

Nicht nur mein Vater bekam mit, wie traurig es mich machte, dass wir Mogli nicht einsammeln konnten. Auch einem der Männer, der mit versucht hatte, den kleinen Engel zu retten, fiel auf, wie niedergeschlagen ich war. Er erzählte mir dann von einem Welpen, den er erst wenige Tage zuvor ebenfalls aus dem Müll geholt hatte, und meinte, ob wir diesen Hund nicht zu uns nehmen wollen. Dann wäre Torvi nicht alleine. So kam Mila als zweite gerettete Hündin in mein Leben. Sie war voll mit Flöhen, doch sie sah so süß aus wie ein kleiner Bär. Sie ist ein reinrassiger Tornjak, weswegen ich mich eigentlich bis heute wundere, dass man sie ausgesetzt hat. Mila und Torvi, mit den beiden fing es an …

Dann musste ich zurück in die Schweiz, ich musste arbeiten. Im Februar 2019, bei der nächsten sich bietenden Gelegenheit, fuhr ich wieder nach Bosnien, um meinen Vater zu besuchen – und natürlich auch, um nach den Hunden zu sehen und um, wenn möglich, noch weitere zu retten. Als ich in einem Pizza-Restaurant in Nova Bila essen war, hatte ich plötzlich eine Eingebung. Mir wurde klar: Das war null Komma null nachhaltig und effektiv, was ich hier machte. Einfach ein bisschen Futter hinstellen war ja schön und gut gemeint, doch es änderte nichts im Leben der Hunde, zumindest nicht auf lange Sicht.

Ich wurde richtig unruhig, denn zu den Gedanken kamen auf einmal Bilder dazu. Ich dachte: »Bosnien hat so viel Land, so viel freies unbebautes Land, das kann man doch nutzen, um daraus ein sicheres Zuhause für viele Hunde zu machen.« In dem Moment hatte ich »meine Ranch« vor Augen. Ich habe mir noch nie etwas aufgeschrieben. Wenn ich eine Idee habe, dann entstehen in meinem Kopf Bilder, ich habe dann Visionen, wie etwas aussehen muss. Darum malte ich mir aus, wie die Hunde frei herumtobten, wie sie spielten, wie keiner von ihnen nach Futter suchen musste, weil es das reichlich gab. Auf »meiner Ranch« ging es den Hunden gut. »Meine Ranch« – von diesem Moment an hatte ich einen Plan.

GESAGT IST NICHT IMMER GETAN

Was ich wusste, war: Ich wollte den Hunden helfen. Ich wollte freies Land finden, ich wollte ein großes Gelände haben, eine Ranch bauen, wo die Hunde leben können. Was ich nicht wusste: wie ich mein Vorhaben konkret realisieren konnte. Weder hatte ich vor Ort gute Freunde noch ein Netzwerk noch wusste ich, wie die Bürokratie in Bosnien funktionierte.

Ich musste bald feststellen, dass die ersten Schritte hin zu meiner Ranch mühsam waren, und auch, dass es vielen nur ums Geld und den eigenen Profit ging, nicht aber um die Hunde und das Bedürfnis, deren Lebenssituation zu verbessern.

Zum Beispiel lernte ich über einen Bekannten 2019 einen Jugendlichen kennen, der von sich sagte, er sei Fotograf. Er war vielleicht 16 oder 17 Jahre alt, doch trotz oder vielleicht auch gerade wegen seines Alters setzte ich große Hoffnungen in ihn, denn er schien begeistert von meiner Idee. Ich bat ihn, einige der Hunde zu fotografieren, damit ich mit diesen Bildern auf die Lage und das Leid der Hunde in Bosnien aufmerksam machen könnte. Ich gab ihm 500 Euro – 300, um für die Hunde Essen zu kaufen, und 200 für seine Ausstattung. Doch weder kamen von ihm Fotos noch Bilder. Von meinem Bekannten habe ich schließlich erfahren, dass sich der Junge von dem Geld ein iPhone gekauft hat.

Es sprach sich in der Gegend herum, dass ich Leute suchte, die mich dabei unterstützten, Hunden zu helfen. So lernte ich 2019 auch eine Gruppe Tierschützerinnen und Tierschützer kennen. Ich erzählte ihnen von meinen Plänen, von einem riesigen Gelände, von dem Bau einer Ranch und dass man so auf lange Sicht den streunenden Hunden ein artgerechtes Leben ermöglichen könne. Die Reaktion darauf hat mich damals zunächst total erstaunt und dann einfach nur noch verärgert. Denn statt auf meinen Plan einzugehen und vielleicht auch zu fragen, wie ich mir das im Einzelnen genau vorstelle, winkten sie gleich ab. Statt beispielsweise zu sagen: »Oh, klasse, was für eine tolle Idee. Das klingt gut, das sollten wir gemeinsam angehen!«, meinten sie nur: »Das verbietet die Stadt. Das wird es hier bei uns nicht geben.«

Doch so leicht ließ ich mich nicht unterkriegen. Ich bin so ein Typ: Wenn ich in die Scheiße greife, dann hole ich da raus, was möglich ist. Ich höre und glaube nicht das, was andere sagen, bis ich es nicht selbst ausprobiert habe. Ich realisierte zwar, dass das mit der Ranch wahrscheinlich komplizierter werden würde, als ich mir vorgestellt hatte, doch das hinderte mich nicht daran, es wenigstens zu versuchen.

Ende 2019 gründete ich dann »Save the Dogs BIH«. Ich merkte, wie wichtig mir die Hunde und das Projekt waren, wie sehr ich dahinterstand und wie viel mir das Projekt auch emotional gab, welche Kraft es in mir freisetzte. Ich postete 50 bis 60 Stories pro Tag auf Instagram – an die 32 000 Stories innerhalb von gut 16 Monaten. Und meine Posts kamen gut an; die Community wurde immer größer, und ich hatte Followerinnen und Follower aus den verschiedensten Ländern: Plötzlich folgten mir Leute aus Brasilien, aus Italien, aus Amerika, aus Australien – auf der ganzen Welt.

DANKE, DAD!

Ich habe meine Mutter oft gefragt, ob es für sie eigentlich okay ist, dass mein Vater in Bosnien lebt und sie weiter in der Schweiz. Sie meinte immer, dass er dort glücklicher sei und es ihr in der Schweiz besser gefallen würde. An der Liebe zwischen den beiden hat dies nichts geändert. Meine Mutter hat immer ihre Urlaube bei meinem Vater in Bosnien verbracht, und genauso hat mein Vater meine Mutter regelmäßig in der Schweiz besucht.

Für mich war die Entscheidung meines Vaters, in Bosnien, in seinem Heimatdorf Guča Gora zu leben, ein Glücksfall. Ohne meinen Vater würde es »Save the Dogs BIH« nicht geben. Ohne seinen stetigen Zuspruch, sich für die Hunde in Bosnien einzusetzen, hätte ich vielleicht bei all dem insbesondere anfänglichen Gegenwind einfach aufgegeben. Doch mein Vater stand mir immer zur Seite und hat mich ermutigt. Mehr noch, er hat mir ein Stück weit sogar vorgelebt, wie wichtig die Liebe zu Hunden ist und was sie einem als Menschen geben kann.

Die Tierliebe steckte einfach in ihm. Schon lange, bevor es »Save the Dogs BIH« gab, und schon lange, bevor ich das Leid der Hunde in Bosnien gesehen habe, ist mein Vater oft bestimmte Routen abgelaufen, einen großen, schweren Sack mit Futter auf seinem Rücken, um herumstreunende Hunde zu füttern. Er hat das Futter aus eigener Tasche bezahlt, von seiner kleinen Rente, und ehrlich gesagt waren es auch die Hunde, warum er nicht mehr in die Schweiz zurückwollte. Er meinte mal: »Ich kann hier doch nicht weg. Wer füttert dann die Hunde?!«

Mein Vater hat Hunde geliebt. Mia zum Beispiel war für ihn die Welt. Wenn mein Vater im Sommer zu Besuch in der Schweiz war und es tagsüber so extrem heiß war, ist er jeden Abend mit Mia gegen 21 Uhr in den Park gegangen, hat sich da mit einem Bier auf die Bank gesetzt und ist dort bis frühmorgens, manchmal bis drei, vier Uhr, geblieben. Er wollte, dass sie ihren Auslauf hat, spielen und schnüffeln kann. All das, was sie sonst tagsüber gemacht hätte, aber eben aufgrund der Hitze für sie eine Zumutung gewesen wäre. Und wenn Mia schon zu seinen Füßen eingeschlafen war und gar nicht mehr nach Hause laufen wollte, dann hat mein Vater sie eben getragen.

Ich habe rückblickend oft gedacht, dass mein Vater in seinem Leben nur sehr wenige ehrliche Freunde hatte, und einer dieser wenigen war Mia.

Als dann 2018/2019 vor dem Haus meines Vaters eine neue Straße gebaut wurde, kam es zu einer tollen Win-win-Situation: Die Bauarbeiter mussten damals viel Erde um- und weggraben, und es gab eine große Menge Schutt. Sie wollten den Schutt loswerden, und mein Vater wollte einen Garten mit Hügeln und Höhlen bauen und den Boden aufbereiten, damit er nicht so matscht. Er wollte ein Zuhause schaffen für die Hunde, denn nach Torvi und Mila waren weitere dazugekommen. Manchmal hat er sie im Dorf gefunden, manchmal wurden Hunde auch schon direkt vor unserer Tür abgeladen, wie zum Beispiel Bonnie und Aria, über die ich beide später noch mehr erzählen werde. Es hatte sich herumgesprochen, dass mein Vater Hunde zu sich nimmt.

Mein Vater sprach dann mit den Bauarbeitern, erzählte ihnen, was er vorhatte. Die waren begeistert und dankbar, denn für sie hieß das, dass sie den Schutt nicht abtransportieren mussten. Sie luden ihn dann sogar direkt auf unserem Grundstück ab, das um die 800 Quadratmeter groß war. Auf diese Weise nahm unsere im Grunde erste Ranch, eine Mini-Ranch, nach und nach Form an.

Um die 15 bis 20 Hunde lebten hier, und ich möchte in diesem Zusammenhang unbedingt auch noch Patrick erwähnen. Er war in der Schweiz ein Kunde von mir, ich coachte ihn im Fitnessbereich. Als ich ihm von den Hunden in Bosnien erzählte und auch von meinen Plänen, fand er dies so gut, dass er mir finanziell etwas unter die Arme griff. Dafür, dass ich ihn coachte, kaufte er im Gegenzug Hundehütten, Spielzeug für die Hunde und auch das Material für einen Zaun. Ich wiederum gab ihm dafür ein paar Stunden mehr. Es war großartig, und mein Vater war voll in seinem Element. Während ich in der Schweiz war, standen wir telefonisch in regelmäßigem Kontakt. Er berichtete mir von den Hunden, ich bestellte im

Internet das Futter und ließ es zu ihm liefern. In jener Zeit bezahlte ich das Futter noch selbst, denn in den Anfängen gab es ja den Verein noch nicht, noch keinen Instagram-Auftritt und all das.

TIPP: AUS WELCHEM LAND SOLLTE ICH EINEN HUND ADOPTIEREN?

Die Tierheime in Deutschland, in der Schweiz, in Österreich und auch anderswo sind voll, randvoll. Teilweise gibt es da schon Aufnahmestopps. Das heißt: Wer beispielsweise krank ist oder wem die finanziellen Mittel fehlen und wer sich deshalb schweren Herzens von seinem Hund trennen muss, der findet in seinem eigenen Land keinen Platz mehr für sein Tier.

Umso mehr liegt mir das Thema »Adoption« am Herzen, und dafür möchte ich etwas ausholen:

Adoption ist beispielsweise für uns als »Save the Dogs BIH« nur eine reine Option. Das heißt, wir legen keinen Wert auf Adoptionen, was bitte nicht falsch verstanden werden darf. Wenn ein Hund anderswo als bei uns ein richtig tolles Leben haben kann, dann sind wir die Ersten, dann bin ich der Erste, der »Ja« zu einer Adoption sagen würde. Aber die meisten Menschen sind sich gar nicht bewusst, wie hoch die Rücklaufquote bei vermittelten Hunden ist, wie viele Hunde dann in Tierheimen landen oder zurückgegeben werden. Darum möchten wir den Hunden in unserem Land ein tolles Leben bieten, eines, das sie genießen können, und dies, ohne zwingend auf eine Adoption zu warten.

Klar ist aber auch: Die Ranch ist nicht für jeden Hund die Lösung. Manche Hunde gehören in eine Familie oder zu einem bestimmten Menschen. Manche Hunde sind, egal, wie schön die Ranch ist, einfach unglücklich dort. Anders gesagt: Nicht für jeden Hund ist die Ranch die perfekte Lösung. Aber für die große Masse muss es die Lösung sein. Denn würden wir die große Masse zur Adoption freigeben, was würden wir damit erreichen? Ja, mit Glück würden wir einige Hunde sehr gut vermittelt bekommen, in ein schönes neues Zuhause. Doch es besteht auch die Gefahr, dass wir die Tierheime in Deutschland, in der Schweiz, in Österreich und anderswo nur noch weiter überfüllen, weil viele Hunde nach einiger Zeit wieder abgegeben werden würden.

Es gibt unendlich viele gute, liebe Menschen, die, wenn sie traurige Bilder von Hunden sehen, helfen möchten. Die einen Hund zu sich holen, doch dann leider nicht die Geduld aufbringen, wenn der Hund endlich bei ihnen ist und nicht gleich so »funktioniert«, wie sie sich das vorgestellt haben. Viele haben zu hohe Ansprüche an das Tier und bedenken nicht, dass der Hund traumatisiert ist von seinem vorherigen Leben und erst einmal ganz viel Zeit braucht, um im neuen Zuhause anzukommen.

Natürlich gibt es Hunde aus Tierschutzprojekten, die sofort funktionieren. Doch es gibt auch Hunde, die sind schwieriger. Und diese schwierigen Fälle werden dann rumgereicht und kommen aus den Tierheimen nicht mehr raus. Man muss doch nur mal schauen, wie viele Hunde jedes Jahr vom Balkan, aus dem Ostblock, aus Spanien, Portugal und so weiter importiert werden – das ist krank, und ich will nicht Teil dieses Systems sein. Das belastet andere nur. Ich will das Gegenteil: Ich will das System entlasten und den Hunden trotzdem ein schönes, ein sehr schönes und sicheres Leben bieten.

Darum: Wer helfen möchte und aus diesem Grund einen Hund aus dem Ausland adoptieren möchte – das ist der falsche Schritt. Das Problem muss in dem Land selbst gelöst werden. Wer einen Hund adoptieren möchte, sollte sich lieber erst einmal in seinem eigenen Land und den vollen Tierheimen dort umschauen. Die meisten Tierheimhunde wären bestimmt glücklicher in einem tollen Zuhause. Sie haben es verdient, gerettet zu werden, wie jeder andere Hund auch.

DIE ERSTE RANCH – FLUCH UND SEGEN

Es fällt mir schwer, über die erste Ranch zu berichten; daran sind so viele Erinnerungen und Emotionen geknüpft – auf verschiedensten Ebenen. Aber: Über die erste Ranch zu erzählen ist auch wichtig, denn es war und ist mein Traum, meine Mission, Hunden auf einem großen Stück Land ein freies, artgerechtes Leben zu ermöglichen.

Das erste Stück Land haben wir über Kontakte aus dem Team Anfang 2020 in der Nähe von Bugojno gefunden – 10 000 Quadratmeter. Es war karg und leer, einfach eine leere Fläche. Doch dieses Stück Land als Verein »Save the Dogs BIH« zu kaufen, finanziert durch Spenden, war ein großer Meilenstein in der Vereinsgeschichte. Ich war damals sehr, sehr dankbar dafür, denn ich bekam die Chance, hier meine Vision von einer Ranch umzusetzen.

Die Bauarbeiten begannen im April 2020. Es war von den Gegebenheiten her kein einfacher Standort; der Untergrund war sehr hart. Wir mussten den ganzen Boden aufarbeiten und mit Kies aufschütten, sollte es nach einem Regen nicht zu einer Schlammparty kommen. Natürlich haben wir das gesamte Gelände auch eingezäunt. Und wir haben Hundehütten aus Holz fertigen lassen, an die 20 Stück. Eine jede war um die fünf Meter lang, mindestens 50 Zentimeter tief und 70 Zentimeter hoch und hatte mehrere Einschlupflöcher, sodass darin gleich mehrere Hunde einen Rückzugsort finden konnten.

Anfang Juli 2020 konnten dann schon die ersten Welpen auf dem Gelände untergebracht werden, Anfang August 2020 zogen die ersten drei ausgewachsenen Hunde auf die Ranch – Mila, Torvi und Aria.

Es war ein besonderer, ein emotionsgeladener Augenblick, von dem ich mir gewünscht hätte, dass mein Vater ihn erlebte; er hätte sich so sehr darüber gefreut, es war ja auch sein Traum. Doch mein Vater starb wenige Tage vorher, am 1. August 2020, an einem Herzinfarkt. Genaueres über die Umstände kann ich gar nicht sagen, kann niemand sagen, denn mein Vater war da allein im Haus. Nachbarn fanden ihn erst zwei Tage später, Aria und Torvi lagen ganz nah bei ihm. Allein wenn ich mir dieses Bild vorstelle … Mein Vater war erst 55 Jahre alt. Es war furchtbar.

Am liebsten wäre ich sofort, nachdem ich die Nachricht erhalten hatte, nach Bosnien gefahren. Doch das ging einfach nicht. Ich hatte gerade erst in der Schweiz mein eigenes Coachingstudio eröffnet, wovon ich später noch erzählen werde. Ich hätte für eine Reise nach Bosnien das Studio mindestens eine Woche schließen müssen, und das konnte ich mir ganz ehrlich nicht leisten. Ich weiß, das klingt vielleicht seltsam, doch ich hatte nicht einmal mehr die finanziellen Mittel für eine Reise. Ich hatte keinen Cent mehr übrig. Ich hatte einfach alles in das Studio gesteckt.

Es war unglaublich schwer für mich: Weder konnte ich miterleben, wie die Hunde auf die Ranch kamen, noch konnte ich bei der Beerdigung meines Vaters dabei sein. Es zerriss mich förmlich innerlich. Mein Herz war in Bosnien, bei meinem Vater, bei den Hunden auf der Ranch, doch mein Kopf war in der Schweiz, denn ich musste dort Geld verdienen. Es war brutal hart.

Was die Leitung der Ranch betraf – hier musste ich mich auf mein damaliges Team aus vier Leuten verlassen. Was meinen Vater betraf – von ihm konnte ich mich Ende September, als ich endlich nach Bosnien fahren konnte, am Grab verabschieden, ganz in Ruhe. Ich habe ihm da gesagt, wie leid mir alles tut, wie dankbar ich ihm für alles bin, warum ich nicht kommen konnte und dass ich auch in seinem Namen immer für die Hunde da sein werde. Mein Vater liegt auf dem Friedhof von Guča Gora begraben.

Obgleich mir die glücklichen Hunde auf der Ranch schnell zeigten, dass das Konzept funktionierte und dass wir auf einem tollen, auf dem richtigen Weg waren, trennten wir uns im August 2024 als Verein »Save the Dogs BIH« von der ersten Ranch. Es war ein sehr trauriger und aufwühlender

Moment, diese Entscheidung zu treffen und auch umzusetzen. Denn das Team und ich, wir hatten alles dafür gegeben, dass die Ranch stand und es den Hunden dort gut ging.

Grund für die Trennung waren unterschiedliche Vorstellungen zur Führung und Gestaltung der Ranch, unterschiedliche Vorstellungen zum ganzen Verein und auch unterschiedliche Vorstellungen, was das Wohl der Hunde betraf. Ich muss mich dafür entschuldigen, dass ich hier nicht mehr ins Detail gehe, doch ich muss mich, meine Familie, mein Team und die Hunde schützen. Ich bin dankbar für die Zusammenarbeit und das Gute, das wir erreicht haben, aber jetzt geht eben jeder seinen eigenen Weg.

Mein Herz hängt natürlich noch immer an der ersten Ranch und vor allem an den Hunden, die dort leben. Insgesamt sind es an die 160. Embolo ist zum Beispiel da, über den ich später noch erzählen werde, und auch Dido, ein weiterer Hund, der in einem wirklich katastrophalen Zustand war und den wir aus dem Asyl gerettet haben, lebt auf dieser Ranch, ebenso wie der wunderschöne Kangal-Rüde Smoki. Es sind so viele Engel dort, mit denen mich persönlich etwas verbindet und die ich jetzt nicht mehr sehen kann. Ich hoffe einfach, dass es ihnen gut geht.

Wir vermissen die Hunde sehr und hoffen, dass wir sie eines Tages wiedersehen. Obwohl die Ranch ja eigentlich nur einen Katzensprung entfernt ist, fahre ich dort auch nicht mehr vorbei, es wühlt mich zu sehr auf. Mich an die erste Ranch zu erinnern, fällt mir immer noch nicht leicht.

DER VORHOF ZUR HUNDEHÖLLE

Es war Ende Oktober 2022, als mir Roger, ein guter Freund, Videos vom städtischen Hundeasyl in Bugojno in die Schweiz schickte. Anderswo sagt man zu solch einem Ort »Tierheim« oder »Shelter«, doch in Bosnien ist die geläufige Bezeichnung »Asyl«. Hundeasyle sind die Standardlösung für Städte in Bosnien. Die Tiere leben dort aus meiner Sicht zumeist auf viel zu wenig Platz, oft bekommen sie auch zu wenig Futter. Die Hunde werden nach dem Auflesen beziehungsweise dem Einfangen zwar medizinisch versorgt, also kastriert, gechipt und geimpft, doch dann einfach eingesperrt, weggesperrt – so, dass sie von der Außenwelt nicht mehr wahrgenommen werden.

Das Asyl in Bugojno gibt es seit Juli 2020. Es ist eine gemeinsame Einrichtung der drei Städte Donji Vakuf, Gornji Vakuf und Bugojno, die damit das Problem ihrer Straßenhunde in den Griff bekommen wollten. Im und nach den Wirren des Balkankrieges, ich erzählte ja schon davon, wurden einfach viele Hunde ausgesetzt, wurden zurückgelassen oder liefen davon. Sie vermehrten und vermehren sich seitdem unkontrolliert. Und das, wo in der bosnischen Bevölkerung die Angst vor Hunden weit verbreitet ist. Daher werden streunende Hunde ja auch immer noch massenweise vergiftet, körperlich missbraucht, verbrannt, erschlagen, bewusst überfahren oder erschossen. Das alles rührt vor allem von der Angst der Bevölkerung her, die sich vor Krankheiten, Rudelbildungen und Bissen fürchtet.

Die Städte Donji Vakuf, Gornji Vakuf und Bugojno wollten mit dem Asyl einen Ort schaffen, wo aufgelesene Straßenhunde hingebracht werden, damit sich die Menschen in den Städten sicher fühlen. Doch dieser Plan lief völlig aus dem Ruder. Denn das Asyl war das erste und einzige seiner Art in einem Umkreis von, ich glaube, 60, 70, 80 Kilometern. Und so kam es, dass andere Orte Lieferwagen und gar Lkws mit herumstreunenden Hunden vollpackten und diese, teilweise mitten in der Nacht, vor dem Asyl in Bugojno abluden. Sie warfen die Tiere dort einfach von den Ladeflächen in dem festen Glauben, das Asyl würde sie schon aufnehmen. Und das tat es auch. Aber: Im Nullkommanichts war das Asyl bis zum Anschlag total voll mit Hunden. Ursprünglich war das rund 10 000 Quadratmeter große Areal gedacht für 300 bis maximal 400 Hunde. Doch diese Zahl war nach nur wenigen Monaten bereits erreicht – und es kamen immer mehr Hunde.

Aber zurück zu den Videos. Roger hatte sie heimlich gefilmt, denn augenscheinlich wollte man das dortige Elend vor der Außenwelt verstecken. Es war ein heikles politisches Thema; ich bin überzeugt davon, dass die Städte mehr Geld für das Asyl gegeben hätten, wenn sie mehr gehabt hätten. Doch das Budget war ausgeschöpft. Die Kommunen sahen sich angesichts all der quasi illegalen Anlieferungen von Hunden mit einer Situation konfrontiert, auf die sie nicht vorbereitet waren und auf die sie auch nicht so einfach reagieren konnten.

Ich wusste, dass es im Asyl schlimm aussah; ich war bereits ein knappes Jahr zuvor dort gewesen. Wir als Verein »Save the Dogs BIH« hatten geholfen beziehungsweise unsere Hilfe angeboten, doch wir hatten schnell gemerkt, dass die Städte noch zu viel mitreden wollten und wir nicht im Interesse der Tiere so agieren konnten, wie wir es gerne getan hätten. Damals waren übrigens erst um die 500 Hunde dort.

Als ich dann die aktuellen Aufnahmen von Roger sah, war ich schockiert. Was soll ich sagen? Dass es schlimm war? Dass es grausam war? Nein, das alles traf es nicht. Es war ein unbeschreibliches Chaos und so etwas wie der Vorhof zur Hundehölle. Alles war dreckig, total dreckig. Der Boden war matschig, eine einzige braune Masse aus Scheiße, Urin und vielleicht noch ein paar Überresten Sand. Die wenigen Hütten waren total abgenutzt. Als ich Roger fragte, wie viele Hunde da mittlerweile lebten, meinte er, das wisse keiner so genau. Er erzählte mir von Mido, der hier als Einziger arbeite und sich um die Hunde kümmere. Natürlich kannte ich Mido. Er hatte auch manchmal bei uns auf der ersten Ranch gearbeitet und sich so nach Feierabend noch etwas dazuverdient. Mido war ein Guter. Er liebte Hunde. Er tat alles für sie. Ich wusste, er gab sein Bestes für die Hunde. Doch als ich die aktuellen Bilder vom Asyl sah, wusste ich bereits, dass er und der Tierarzt Sanel als der Verantwortliche für die Einrichtung komplett überfordert waren. Sie wurden einfach überrannt, jeder lud bei ihnen Hunde ab und machte sich aus dem Staub. Und all diesen Tieren gerecht werden, das konnten die beiden wirklich nicht allein schaffen.

Roger erzählte mir, dass Mido schätze, es seien um die 1100 Hunde im Asyl. 1100 Hunde auf einem Areal, das ursprünglich für 300 Hunde ausgelegt war. Ich war fassungslos. Es war einfach schrecklich. Roger sagte mir auch, dass er mit Menschen gesprochen habe, die meinten, man müsse da rein und alle Hunde am besten mit einem Gewehr erlösen, das sei kein Leben für die Tiere. Doch sosehr ich diesen Menschen auch beipflichten konnte, dass das dort kein Leben war für die Hunde, so klar war für mich natürlich auch, dass so eine Lösung auf keinen Fall infrage kam. Wir würden um die Hunde aus dem Asyl kämpfen!

Ich organisierte schnellstmöglich eine Reise nach Bosnien. Zwei, drei Wochen später war ich vor Ort, um mir ein eigenes Bild zu machen. Die Zustände waren noch viel schlimmer, als es die Aufnahmen vermittelt hatten. Es zerriss mich innerlich, zu sehen, wie die Hunde dort lebten. Es war der reinste Horror. Ich konnte gar nicht richtig atmen. Überall war dieser fürchterliche Gestank, diese Mischung aus Fäkalien und Abfall. Man kann das gar nicht beschreiben. Es war so brutal schlimm, dass ich mir nach dem Besuch wirklich Leib und Seele ausgekotzt habe, ich musste sogar ins Krankenhaus.

Und die Hunde? Die mussten das da 24/7 aushalten. Und das mit ihren feinen Riechorganen. Manche Hunde waren noch voller Lebensfreude, andere bereits mutlos und ohne Hoffnung. Es war saukalt und nass, nirgendwo gab es ein trockenes Plätzchen. Als ich das Gelände betrat, sprangen die Hunde um mich herum, manche an mir hoch. Sie stupsten mich an, folgten mir auf Schritt und Tritt. Diese Hunde waren so gierig nach Liebe, nach Aufmerksamkeit. Jeder wollte, dass ich ihn sehe, dass ich sein Leid sehe, dass ich ihn beachte.

Ich ging mit Mido durch das Asyl. Nicht nur ich kämpfte mit meinen Emotionen, auch Mido erzählte mir, dass er jeden Tag mental an seine

Grenzen kam, wenn er das Leid der Hunde sah. Auch wenn ihm manchmal die Kraft fehlte, weil er nicht wusste, wie man dieses Leid beenden konnte, wollte er auf keinen Fall aufgeben. Denn er wusste, so sagte er, dass es dann keinen anderen geben würde, der die Arbeit im Asyl übernehmen und sich um all die Hunde kümmern würde.

Als ich vor Ort war, hatte er noch 30 Kilo Futter. 30 Kilo für mehr als 1000 Hunde. Die nächste Ladung sollte erst in ein paar Wochen kommen. Roger spendete dem Asyl dann noch zwei Tonnen Trockenfutter, die auch gleich am nächsten Tag ankamen.

Bis zu diesem Besuch Ende 2022 im Asyl war mein Instagram-Name »coach_bruno«, da ich den Account vor allem für mein Fitnesscoaching und das Personaltraining nutzte. Aber als ich die Hunde im Asyl sah, als ich sie winseln hörte und sie mir so ihr Leid klagten und um Hilfe baten, ab dem Moment war mir klar: Ich musste jetzt für mehr als 1000 Hunde kämpfen. Da war kein Platz mehr für anderen Content. Ich widmete meine Insta-Seite unter dem Namen »Godfather of Dogs« – parallel zu der bereits bestehenden Seite »Save the Dogs BIH« – komplett den Hunden und sah mich als Paten für alle Hunde, die Schutz brauchen, aber auch Liebe und Zuneigung.

Mit Embolo, über den ich wie erwähnt später noch ausführlicher berichten werde, fing es dann an. Immer wieder in den darauffolgenden Wochen und Monaten siedelten wir Hunde aus dem Asyl auf die Ranch um. Doch das war nur ein Tropfen auf dem heißen Stein. Es änderte nicht die katastrophalen Zustände im Asyl. Die Hunde vegetierten dort nach wie vor im Dreck und vielen drohte insbesondere im Winter der Tod. Zum einen, weil es keine trockenen, mit Stroh oder Heu ausgelegten Hütten gab, zum anderen, weil etliche Hunde, nahezu drei Viertel von ihnen, in einem katastrophalen Zustand waren – insbesondere jene mit einem langen Fell. Ihr Fell war schwer von Fäkalien und Matsch, hing in Brocken an ihnen herunter und stank bestialisch. Oftmals war die Haut darunter bereits angegriffen. Diese Tiere wären über kurz oder lang erfroren, denn ihr Fell konnte sie nicht mehr schützen, es war zerstört. Es war wirklich einfach nur schlimm, schrecklich, der absolute Horror.

Daher, um dies vorwegzunehmen, übernahmen wir als Verein »Save the Dogs BIH« Mitte Oktober 2023 das Asyl. Das heißt: Es ist nach wie vor eine städtische Einrichtung, doch wir als Verein tragen die Verantwortung für die Hunde, sodass es ihnen gut geht. Und die Stadt lässt uns auch machen.

Wir sanierten das Asyl komplett – in diesem Zusammenhang möchte ich mich bei der Community bedanken, denn erst durch ihren Support war eine Sanierung überhaupt möglich. Die Arbeiten dazu begannen schon im Oktober 2023. Drei Wochen lang trugen zwei Bagger zunächst einmal quasi ununterbrochen den Boden ab. Immer wieder fuhren sie auf das Gelände, Lkw wurden befüllt und brachten ihre stinkende Ladung hinaus. Ich weiß nicht, wie viele Lkw-Ladungen an dreckigem Matsch und unendlich viel Scheiße es letztendlich genau waren, locker über 200, wenn nicht gar 300. Wir mussten mehrere Meter tief in die Erde graben, denn über all die Jahre hatte sich Dreck auf Dreck aufgetürmt. Das war echt krass. Dann, als der ganze alte faule Untergrund abtransportiert war, schütteten wir einen komplett neuen Boden mit frischem, sauberem, feinem Kies auf. Jetzt hat das Asyl einen Boden, der nicht so matscht und der auch nicht nach dem ersten Regen gleich wieder aufweicht.

Wir stellten circa 40 neue Hütten auf und sorgen darin für frisches Heu und Stroh, damit die Hunde sich dort richtig einkuscheln können. Wir bauten drei schöne Feuerstellen aus Ziegelsteinen, damit die Hunde es im Winter auch warm haben. Wir strichen die Wände der Betonhäuser bunt, damit nicht alles so grau und trostlos aussieht. Wir errichteten Animationen, damit die Hunde eine Beschäftigung haben und spielen können. Wir stellten meterlange überdachte Futtertröge auf und viele neue Näpfe. Auch gibt es auf dem Asyl jetzt richtige kleine Steinhäuser, Hundebungalows, von denen ich auch später noch erzählen werde und in denen es die Hunde warm und trocken haben.

Eine weitere ganz wichtige Sache: Wir, der Verein »Save the Dogs BIH«, haben Arbeitsplätze geschaffen. Vorher war Mido ganz alleine da. Jetzt aber kümmern sich im Asyl insgesamt sieben angestellte Mitarbeiterinnen und Mitarbeiter um die Hunde. So ist es zum Beispiel auch möglich, dass die Hunde in kleinen Gruppen regelmäßig spazieren gehen und damit auch mal runter vom Gelände und in die umliegende Natur kommen, andere Gerüche in die Nase kriegen. Auch zahlen wir als Verein die elf Tonnen Futter für das Asyl komplett allein. Das machen wir, weil es den Hunden gut gehen soll. Sie sollen keinen Hunger leiden.

Insgesamt beliefen sich die Kosten für die Sanierungsarbeiten und die Anschaffungen bislang auf mehrere Zehntausend Euro – und wir investieren noch weiter. Klar, das ist eine Menge Geld. Doch auch die vielen positiven Reaktionen und Kommentare aus der Community bestätigen das, was ich sehe und fühle: Das Asyl ist zu einem Ort geworden, wo es die Hunde wirklich schön haben. Wo sie mir und so vielen anderen Menschen nicht mehr leidtun und – die Hauptsache – wo sie nicht mehr leiden müssen.

GANZ ODER GAR NICHT? ICH HABE MICH ENTSCHIEDEN!

Jahrelang habe ich trainiert. Der Sport war mein Leben. Ich hatte mir etwas aufgebaut, worin ich gut war. Ja, nach Sandros Tod war ich in einem emotionalen Tief, doch es waren auch der Sport, das Bodybuilding und der Glaube an mich, die mich aus diesem Loch wieder herausgeholt hatten.

Ich hatte in der Schweiz viele Anfragen, coachte viel in Studios. Ich denke, ich kann sagen, dass ich mir in den Fitnesskreisen in der Schweiz einen Namen gemacht hatte. Ich hatte an die 50 000 bis 60 000 Fitnessfollower. Doch dann kam Corona. Es war extrem. Plötzlich hatten die Studios zu und ich war arbeitslos.

Ich hatte zu der Zeit in der Garage meiner Mutter ein Lager für Sachspenden für »Save the Dogs BIH« eingerichtet. Die Leute brachten – manche schickten auch – vor allem Hundebetten, Körbchen, Futter, Halsbänder, Decken, Leckerlis. All dies leitete ich dann weiter nach Bosnien oder nahm es bei einem meiner nächsten Besuche nach Bosnien mit.

Damals war ich megafroh über die Spenden. Ich dachte, dass damit den Hunden Gutes getan würde. Ich dachte: »Hauptsache helfen, Hauptsache Fressen«. Die Hunde fraßen das Futter natürlich auch. Aber es gab zu viel Abwechslung – zu unterschiedliche Konsistenz, Qualität und so weiter und das tat den Hunden gar nicht so gut. Auch die Bettchen und Decken erfüllten nicht den Zweck, für den sie gedacht waren. Entweder nahmen sie die Hunde gleich auseinander oder die Hunde waren vorher im Matsch toben und ließen sich dann dreckig und nass auf die Decken oder ins Bettchen plumpsen – die so in null Komma nichts nicht mehr zu gebrauchen waren. Ohne undankbar klingen zu wollen: Doch nach diesem Erfahrungs- und auch Lernprozess beschlossen wir als Verein daher, keine derartigen Sachspenden mehr anzunehmen. Einzige Ausnahme sind Leinen und Halsbänder, die können wir immer gut gebrauchen.

Aber zurück zu Corona: Da ich mich gerade erst als Coach selbstständig gemacht hatte, hatte ich kein Anrecht auf staatliche Unterstützung, also auf Corona-Hilfen. Ich wusste, dass ich dringend etwas machen muss, sonst wäre ich bald pleite. Ich konnte dann das Lager für die Sachspenden umdisponieren und richtete in der Garage meiner Mutter ein kleines Home-Gym ein. Das war zwar wirklich mini, vielleicht so um die 13, 14 Quadratmeter groß, doch ich hatte da alles drin: Beinpresse, Beinbeuge, Lastzug, Hanteln bis 50 Kilo. Auch konnte ich ja das Tor der Garage offen lassen, es gab also frische Luft. Jedenfalls sprach sich das rum und schnell waren es an die 10 bis 15 Leute, die bei mir regelmäßig trainierten. Natürlich nie gemeinsam, das verboten ja die Corona-Abstandsregeln, aber das wäre ohnehin zu eng gewesen. Das Home-Gym kam megagut an; ich meine, viele Studios hatten ja zu.

Ich merkte in dieser Zeit, dass sich a) mit Eigeninitiative verdammt viel auf die Beine stellen lässt und ich b) lieber mein eigenes Studio habe, als in anderen zu coachen. Über eine Fitnessplattform fand ich dann eine größere Fläche, 174 Quadratmeter, die ich in ein größeres Studio umwandeln wollte. Mitte April 2020 schaute ich mich daher noch auf der Schweizer Auktionsseite Ricardo nach weiteren Fitnessgeräten um, und ich weiß es noch genau: Auf der 55. Seite habe ich dann ein Gerät gefunden und las bei den Kommentaren, dass es noch 100 weitere Geräte geben würde. Ich rief gleich dort an, hatte direkt den Zuständigen, Valon, am Apparat, der mir sagte, dass ich gern vorbeikommen könne. Valon hatte die Geräte einigen Studios günstig abgekauft, als diese bedingt durch die Schließung wegen Corona ganz aufgeben mussten.

Als ich mich dann bei Valon umschaute, sah ich gleich, dass das echt Top-Geräte waren. Vier bis fünf konnte ich mir davon leisten. Doch plötzlich kam Valon auf mich zu und meinte: »Hey, ich kenne dich, du bist doch der mit den Hunden, oder?« Als ich dies bestätigte und wir ins Gespräch kamen, meinte Valon: »Es ist Ramadan, und dazu gehört, dass ich anderen Menschen etwas Gutes tun soll. Ich will dir daher ein paar Geräte schenken.« Ich war echt baff, ich dachte, ich höre nicht recht und meinte aber auch sofort, dass das doch nicht nötig sei. Doch Valon bestand darauf. Um es abzukürzen: Ich verließ Valon mit 16 Geräten – beziehungsweise hat mir Valon diese später liefern lassen. Der absolute Wahnsinn. Ohne Valon und seine Familie hätte ich mein Studio »Painzone«, wie ich es nannte, nie in dem Rahmen so schnell verwirklichen können. Auch den um die 30 Leuten, die mir bei dem Umzug geholfen haben, möchte ich an dieser Stelle noch einmal ganz ausdrücklich meinen Dank aussprechen.

Ich eröffnete dann – nach der coronabedingten generellen Schließungsphase für Geschäfte – am 11. Mai 2020 mein Studio »Painzone«, doch kaum hatte ich das erste Training begonnen, klopfte es an der Tür und zwei Frauen standen dort. Ich dachte, es seien zwei neue Kundinnen, freute mich schon, doch die Frauen erzählten mir, dass sie in den Büros unter dem Studio sitzen würden, seit 15 Jahren. Das hatte mein Vermieter außer Acht gelassen, wie er mir gegenüber dann auch einräumte. Er hörte sich dann gleich nach einer geeigneteren Fläche um und wurde zum Glück schnell fündig. Wieder war es eine tolle Fläche, allerdings dreimal so groß und von der Miete her doppelt so teuer wie die, die ich hatte. Ich holte mir daher einen finanzstarken Kompagnon hinzu, der zum Beispiel den kompletten Innenausbau finanzierte, und gemeinsam eröffneten wir dann Ende 2020/Anfang 2021 das Hardcoregym in Schönenwerd.

Es waren und folgten Monate, in denen ich morgens gleich nach dem Aufstehen erst einmal zwei Stunden für »Save the Dogs BIH« da war, dann fuhr ich mit Mia und Kyra, über die ich später noch erzählen werde, ins Studio und coachte. Doch immer, auch in den Pausen dazwischen, war ich für »Save the Dogs BIH« aktiv. Manchmal, wenn es bei den Hunden in Bosnien einen Notfall gab, rief ich sogar Kunden an und sagte deren Coaching kurzfristig ab, um ganz für die Vereinsbelange da zu sein. Worauf ich hinauswill: Ich wurde dem Studio nicht gerecht. Obwohl es so ein Hammer-Studio war, mit geilen Geräten, an einem super Standort, mit genügend Parkplätzen vor der Tür und dazu einer tollen, familiären Atmosphäre, kam es für mich nur an zweiter Stelle.

Es war schon eine krasse Erkenntnis. Ich meine, es gab Zeiten, da wollte ich zu den Besten der Welt gehören: zu den besten Trainern, zu den besten

Athleten. Und peu à peu hatte ich mich in diese Richtung hochgearbeitet. Das Geschäft lief. Auch machte mir das Coachen Spaß und gab mir Energie. Der Sport war mir wichtig. Und das Coachen war das, womit ich lange meinen Unterhalt verdient hatte und was mir auch in dieser Hinsicht Sicherheit im Leben gegeben hatte. Doch ich musste Prioritäten setzen – an sich hatte ich das schon längst getan. Um so einem Hammer-Studio gerecht zu werden, um auch meiner Selbstständigkeit als Coach gerecht zu werden, hätte ich mich voll hineinstürzen und jeden Tag zehn bis zwölf Stunden dafür arbeiten müssen. Doch das ging nicht. Die Hunde waren mir wichtiger.

Ich habe den Entschluss, das Studio schließlich zu verkaufen, nie bereut. Denn jeden Tag zeigen mir all die Engel auf der Ranch mit ihrer Liebe, dass ich gebraucht werde und dass es richtig war, mich für sie zu entscheiden.

LAND IN SICHT – ODER DOCH NICHT?

Obgleich wir das Asyl zu einem recht ordentlichen, schönen Zuhause für die Hunde umgebaut hatten, war und ist das Gelände mit seinen 10 000 Quadratmetern einfach für so eine Masse an Tieren viel zu klein. Die um die 650 Hunde, die dort noch immer leben, Stand Frühjahr 2025, bräuchten im Grunde eine Fläche von an die 100 000 Quadratmeter. Zumindest ist dies mein Anspruch, wenn es um eine artgerechte freie Haltung geht. Zudem war und ist mein Traum, nicht nur eine Ranch zu haben, sondern viele – über das gesamte Land verteilt.

Um vor allem auch den kleineren und schwächeren Hunden aus dem Asyl ein gutes Zuhause zu bieten, nahmen wir daher Anfang 2023 das Projekt »Zweite Ranch« konkreter in Angriff. Das Erste, was wir dafür brauchten, war ein geeignetes Stück Land – die Grundvoraussetzung für eine gute Ranch. Alle im Team hörten sich um. Mido kannte eine Familie, die ein Stück Land in der Nähe von Bugojno verkaufen wollte. Es war um die 30 000 Quadratmeter groß, und die Familie wollte dafür 60 000 Euro, ein durchaus fairer Preis. Auch dass das Grundstück in der Nähe von Bugojno lag, fanden wir optimal. Wir schauten uns das Gelände an: Es war in einem guten Zustand, die Familie hatte dort selbst viele Jahre gelebt. Wir wussten, dass sich das Gelände für eine Ranch eignen würde, und bezahlten im Mai 2023 mithilfe des Supports der Community die Summe.

Wir waren voller Tatendrang und dachten, dass viele Hunde aus dem Asyl bald ein schöneres Zuhause haben würden. Ich hörte mich um, kontaktierte Arbeiter, und im Juli 2023 sollten die Bauarbeiten beginnen. Doch dann – womit ich absolut nicht gerechnet hatte – starteten vier nahe liegende Dörfer eine Petition. Sie wollten uns nicht bei sich in der Gegend haben.

Es war ernüchternd, enttäuschend, und ich war auch wütend. Denn wir hatten bei der Wahl des Grundstücks auf alles geachtet. Es gibt einen bestimmten Punkteplan seitens der Stadt – der ist öffentlich zugänglich, man kann ihn sich ausdrucken –, und alle Punkte davon hatten wir berücksichtigt beziehungsweise hätten wir umgesetzt. Wir hatten die vorgeschriebene Entfernung zu Wohngebieten beachtet, es gab dort sauberes Wasser, wir hatten erläutert, wie wir das Kotproblem lösen würden, natürlich hätten wir stabile Zäune installiert, und auch die vorgeschriebenen Kühltruhen für verstorbene Hunde, wo sie lagern können, bis sie unter Umständen obduziert werden, hätten wir selbstverständlich angeschafft. Wir hätten alles erfüllt, obgleich das viele Anforderungen waren, die ein städtisches Asyl zumeist nicht mal zur Hälfte erfüllen muss. Doch für uns als Verein, als private Organisation galten strengere Regeln. Die wir dennoch alle befolgen wollten. Auch das ist falsch. Es galten keine strengeren Regeln.

Ehrlich gesagt glaube ich, dass es den meisten derjenigen, die die Petition unterzeichnet hatten, gar nicht um das Einhalten dieser Vorgaben ging. Ich denke, es war vielmehr bei vielen die Angst vor Hunden und auch die Respektlosigkeit gegenüber Hunden. Denn etliche, die nur das Wort »Hund« hören, schalten automatisch sofort auf Ablehnung.

Wie viele Unterschriften dann letztendlich gesammelt wurden, weiß ich nicht, und das war und ist auch egal. Darum ging es gar nicht. Mir war klar: Wir waren da unerwünscht, absolut unerwünscht. Darum war für mich auch klar, dass der Standort für uns nicht mehr infrage kam. Auch an ein Anfechten der Petition verschwendete ich keinen Gedanken, denn ich konnte mir ausmalen, was passieren würde, wenn wir trotz der Proteste eine Ranch hochziehen würden. Ich meine, ein Stück vergiftetes Fleisch ist schnell über den Zaun geworfen.

Es brodelte auch in meinem Umfeld. Einige meinten, wir bräuchten einfach eine Bewilligung, dann würden die Leute schon Ruhe geben. Jemand, dem ich vertraute, wollte sich für mich um diese Bewilligung kümmern. Ich dachte, gut, vielleicht stimmt das, und vielleicht sehen und verstehen die Leute dann, was wir machen. Vielleicht verstehen sie, dass es eine Ranch ist und kein Asyl. Denn ein Asyl wollten viele aufgrund der eben oftmals schlechten Zustände inklusive Geruchsbelästigung nicht in ihrer Nähe haben.

Doch einen um den anderen Monat zog sich die Bewilligung in die Länge, was leider in Bosnien nicht unüblich ist. Im Mai 2024 erfuhr ich schließlich, dass wir keine Chance auf eine Bewilligung haben würden. Mein Traum würde sich nicht realisieren lassen. Und damit verbunden wog mindestens genauso schwer die Tatsache, dass ich mein Wort gegenüber den Hunden nicht würde halten können. Und das war für mich das schlimmste Gefühl überhaupt. Wir hatten so viel Zeit verloren. Zeit, in der sich die Situation der Hunde nicht verbessert hatte. Und Hunde haben nicht so viel Zeit.

MIA

Irgendwie war in dieser Zeit alles gegen mich. Denn als wäre das mit dem geplatzten Traum von der zweiten Ranch nicht schon schlimm genug gewesen, musste ich mich auch von meiner langjährigen Weggefährtin, von meinem kleinen Engel, von meiner so sehr geliebten Mia verabschieden.

Bereits im Februar 2023 spürte ich an ihrer Milchleiste plötzlich einen knapp golfballgroßen Knubbel. Mir wurde ganz anders; ich bekam Angst, konnte an fast nichts anderes mehr denken und machte mir mega Sorgen. Natürlich brachte ich Mia gleich zur Tierklinik, und für die Ärzte dort stand sofort fest: ein Mammatumor! Wir operieren!

Am 11. März 2023 konnten meine Ehefrau Sara und ich Mia dann aus der Klinik abholen und hofften, dass nun alles gut würde. Mia ging es da auch gut, und ich freute mich auf viele schöne Jahre mit ihr. Leider hatten die Ärzte den entfernten Tumor nicht zur Untersuchung ins Labor geschickt zur Prüfung, ob er gut oder bösartig war. Angeblich hatte ich das nicht gewollt, aus Kostengründen. Totaler Quatsch! Zumal die Operation, die Entfernung des Gewebes, doch bereits mehrere Tausend Schweizer Franken gekostet hatte, da wäre es mir auf ein paar Hundert Franken mehr doch nicht angekommen. Es ging mir um Mia, dafür hätte ich doch alles gegeben!

Doch es sollte nicht gut bleiben: Bereits Ende Oktober des gleichen Jahres hatte sich an Mias Milchleiste erneut ein Mammatumor gebildet. Klar rief ich sofort wieder in der Klinik an, und als die Ärzte zu mir sagten: »Ach, Herr Jelovic, das ist nicht so schlimm. Das operieren wir dann Anfang nächsten Jahres«, da vertraute ich auf ihre Expertise und hinterfragte das nicht. Und war irgendwie auch beruhigt, dass es offenbar nicht so dringend war.

Doch dann bildeten sich binnen drei Wochen zwei weitere Knoten bei Mia. Als sie dann auch noch begann, schwer zu atmen, handelte ich sofort. Ich gab meinem Engel das Versprechen, dass ich alles für sie tun würde, und fuhr mit ihr in eine andere Klinik. Dort meinten die Ärzte, dass ich mir keine allzu großen Hoffnungen machen solle, aber sie könnten Mia ja mal in die Beatmungsbox stecken und ein paar weitere Untersuchungen machen.

Ich musste dann Mia für die Behandlung in der Sauerstoffbox mehrere Tage in der Klinik lassen. Die Trennung von uns, von ihrer Familie, würde sie stressen, das wusste ich, und sie würde in der Isolation leiden. Doch es musste sein, so dachte ich schweren Herzens, damit es ihr wieder besser ginge. Nach dem ersten Tag hieß es dann auch: »Mia geht es schon besser!« Am zweiten Tag sagten sie das auch, am dritten konnte ich Mia abholen und mit nach Hause nehmen. Doch nur wenige Stunden später kippte sie mir fast um. Ich rief sofort in der Klinik an, fragte, was sie mit ihr gemacht hätten. Ich war wütend. Denn Mia ging es auf keinen Fall besser – ihr ging es nur noch schlechter. Trotzdem fuhr ich noch einmal in die Klinik, Mia kam wieder in die Box, wieder für zweieinhalb Tage. Das Ende vom Lied: Ich war um viel Geld ärmer, und Mia ging es nicht wirklich besser. Im Gegenteil; meine Bönzu hatte auch noch drei Kilo abgenommen. Es war schrecklich. Ich fühlte mich so hilflos, so machtlos. Ich wollte alles tun für Mia und konnte nichts erreichen.

Als ich zwei Wochen später erneut dachte, sie kippt gleich um, fuhr ich zu einer dritten Klinik in einer anderen Stadt. Ich zeigte die Papiere der anderen Kliniken und erzählte ihre Krankengeschichte. Dann erfuhr ich, dass die Sauerstoffbox der anderen Klinik völlig veraltet sei und man hier eine neuere, bessere habe. Dort kam Mia dann hinein. Aber auch das half nichts: Wieder war ich um viel Geld ärmer, ohne dass es Mia besser ging.

Ich war total verzweifelt. Und alles ging auch noch so heftig an mein Erspartes. Ich hatte langsam kein Geld mehr. Und das konnte es doch nicht sein, dass ich ausgenommen wurde wie eine Weihnachtsgans, ohne dass es mit Mia aufwärtsging.

Natürlich postete ich über Mias Leiden, und bei der Anteilnahme und der Resonanz aus der Community las ich dann immer häufiger den Namen »Christian Quehenberger« alias »Dr. Bully«, ein Tierarzt aus Baden bei Wien. Er hat sich auf Kurzschnauzer wie Möpse und Französische und Englische Bulldoggen spezialisiert. Am 3. Februar 2024, einem Samstag, rief ich bei ihm an. Dass es da schon 18:30 Uhr war, habe ich in dem Moment gar nicht realisiert. Doch auch zu dieser Stunde am Wochenende erreichte ich eine Mitarbeiterin, die sich Mias Odyssee anhörte und auch, wie verzweifelt ich war. Um 21 Uhr, noch an jenem Samstag, rief mich Dr. Bully zurück und wir telefonierten zwei Stunden lang. Ich war total baff. Ich meine, es war Samstag und der Mann kannte mich nicht, doch er nahm sich gleich so viel Zeit. Wahnsinn!

Auch dies postete ich in die Community, und eine Followerin aus der Tierrettung Zürich schrieb mir, dass sie uns Beatmungsflaschen sowie eine Beatmungsmaske zur Verfügung stellen könne, wenn wir uns mit Mia auf den Weg nach Wien zu Dr. Bully machen wollten. Genau das taten Sara und ich am Dienstag, den 6. Februar 2024. Ich fuhr, während Sara sich um Mia kümmerte. An dieser Stelle ein Riesendankeschön für die Beatmungsflaschen, die genau ausreichten, sodass Mia die neunstündige Reise gut überstand.

Nach 45 Minuten – mit Endoskopie, Ultraschall, Röntgen und Blutanalyse – sagte mir Dr. Bully, dass Mia unter Brachyzephalie leiden würde, bei Hunden mit kurzen Schnauzen ist das leider keine Seltenheit. Mias Gaumensegel war komplett erschlafft. So seltsam das klingen mag: Ich war erleichtert. Denn endlich gab es eine klare Diagnose, das stimmte mich hoffnungsfroh.

Noch am gleichen Tag, am 6. Februar 2024, operierte Dr. Bully meine Mia. Die OP dauerte drei Stunden. Doch Dr. Bully war und ist auch kein

Zauberer. Er konnte zwar Mias Atemwegsprobleme beseitigen, nicht aber das Wachstum ihrer Tumore stoppen. Nur zwei Tage später, am 8. Februar 2024, starb Mia an einem Herzstillstand.

Ich hatte mein Versprechen an Mia, das Beste für sie zu tun, nicht halten können. Ich weiß gar nicht, wie ich das beschreiben soll, wie mich dieses Gefühl innerlich kaputtgemacht hat. Den Verlust von Mia zu ertragen – das waren die bis dato schlimmsten Tage meines Lebens.

Wir haben Mia im Krematorium in Wien verbrennen lassen. Die Urne mit Mias Asche steht heute bei uns im Haus an einem speziellen Platz am Fenster. Ich habe dort so etwas wie eine kleine Altarecke hergerichtet, mit vielen Bildern von ihr, mit ihrem Halsband, mit allem, was ich von ihr habe und was mir noch von ihr geblieben ist.

Zu meiner tiefen Trauer kam auch noch Ärger mit der Hunde-Krankenversicherung hinzu: Die Versicherung wollte die Behandlungen nicht bezahlen. Sie argumentierten mit »genetisch bedingten Erkrankungen«, also rassespezifischen Erkrankungen. Diese seien nicht mit der Police abgedeckt. Sie fokussierten nur auf die Beatmungsgeschichten, für den Tumor interessierten sie sich gar nicht.

Ich war total geschockt. Ich weiß nicht, wie viele Stunden ich mit denen telefoniert und erzählt und erklärt habe. Das Ende vom Lied war dann, dass sie einen neutralen Gutachter einschalteten, der sechs Monate lang nachforschte, und dass die Versicherung schließlich doch mehr als die Hälfte der Kosten übernahm.

Das konnte zwar mein finanzielles Leid etwas lindern, aber nicht mein seelisches. Mia ist tot, und mit ihr ist ein Teil meiner Seele gegangen. Bis heute konnte ich mir nicht die nötige Zeit nehmen, um sie zu trauern. Denn dann wäre ich erst einmal für einen unbestimmten Zeitraum weg vom Radar, weg von allem, und viele, viele andere Hunde würden weiter leiden. So habe ich mir denn auch an keinem Tag nach ihrem Tod eine Pause gegönnt. Obwohl ich seelisch gebrochen war, habe ich funktioniert.

TIPP: WORAUF SOLLTE ICH BEI EINEM TIERARZTBESUCH ACHTEN?

Aufgrund meiner Erfahrungen mit Kliniken und Ärzten möchte ich jeder Hundebesitzerin und jedem Hundebesitzer einfach noch ein paar Ratschläge mit auf den Weg geben:

1. Wer einen Rassehund hat, sollte sich einen Arzt suchen, der sich mit dieser Rasse und mit rassebedingten Problemen auskennt und idealerweise sogar darauf spezialisiert ist.

2. Einer Verabreichung von Medikamenten für den Hund sollte man nur zustimmen, wenn es in diesem Zusammenhang eine klare Diagnose gibt.

3. Es ist ratsam, sich den erstellten Arztbericht zukommen zu lassen und ihn zu archivieren. Bei einem Arztwechsel oder einem plötzlichen Klinikbesuch hat man dann die Unterlagen gleich zur Hand, kann Fragen beantworten und muss nicht darauf warten beziehungsweise ist nicht darauf angewiesen, dass sich Ärzte und Kliniken untereinander austauschen.

4. Wie steht es um das Mitgefühl und das Einfühlungsvermögen? Wenn der Hund nur wie eine Ware behandelt wird, von wegen »Spritze, bum, weg«, und der Arzt sich keine Zeit nimmt, um Fragen zu beantworten, ist das kein gutes Zeichen. Ein Tierarzt sollte in der Lage sein, den Hund zu beruhigen, zu trösten und so weiter.

5. Auch rate ich jedem bei einem Abschluss einer Versicherung für den Hund, genau zu schauen beziehungsweise auch nachzufragen, was übernommen wird und was nicht. Also ob beispielsweise auch eine Abdeckung bei rassebedingten Problemen gegeben ist. Einfach eine Versicherung zu unterschreiben und zu meinen, das läuft schon, kann echt zu einem bösen Erwachen führen.

6. Generell empfehle ich, einen Hund am besten einmal im Jahr allgemein untersuchen zu lassen, wenn möglich noch inklusive Blutanalyse.

KANGO UND ASKIA

Es war Karma, mein Karma. Daran glaube ich und davon bin ich überzeugt: Jemand hatte mir etwas weggenommen, obwohl ich damit nur Gutes im Sinn hatte. Und diese Handlung hatte Folgen. Dafür bekam ich von jemand anderem etwas, und das war noch weitaus besser. Aber der Reihe nach …

Als das mit der Bewilligung für das Grundstück für die zweite Ranch nicht geklappt hatte, war ich echt am Boden zerstört. Sara und ich hatten uns mit allen Konsequenzen darauf vorbereitet: Sara hatte in der Schweiz ihren eigenen Friseurladen aufgegeben, ich hatte mich endgültig von dem Dasein als Fitnesscoach verabschiedet. Wir wollten ganz für die Hunde da sein, die zweite Ranch aufbauen, viele viele Hunde aus dem Asyl holen – doch plötzlich schien dieser Traum, nein, dieses konkrete Vorhaben wieder in weite Ferne gerückt.

Es war echt hart, das zu realisieren und zu akzeptieren. Zumal es da auch die Erkenntnis gab, menschlich absolut enttäuscht worden zu sein. Und als wäre das nicht schon schlimm genug, wurden wir auch noch bedroht und beschimpft. Es machte mich sprachlos. An manchen Tagen war ich wie gelähmt. So etwas hatte ich noch nicht erlebt. Aber deswegen das Vorhaben rückgängig zu machen, womöglich das ganze Projekt runterzufahren und aufzugeben, das kam für mich auf keinen Fall infrage. Ich hatte den Hunden im Asyl versprochen, dass sie es bald besser haben würden. Auch wollte ich den geretteten Hunden ein grandioses Zuhause bieten können – so wie sie es verdienten.

Sara und ich hatten über Airbnb ein Haus nahe der Stadt Jajce gefunden, knapp eine Stunde Autofahrt von Bugojno entfernt, wo wir Anfang April 2024 einzogen. Es war ein seltsames Gefühl. Denn obgleich ich endlich ganz vor Ort war, konnte ich mich nicht richtig darüber freuen. Die Sache mit der Petition der vier Dörfer, also die Abneigung der Menschen dort gegenüber unserem Vorhaben und gegenüber Hunden, der geplatzte Traum mit der zweiten Ranch und dazu die Beschimpfungen und Bedrohungen – das alles lag mir echt schwer im Magen. Doch dann: Karma! Denn als Darko, der Vermieter des Hauses, in das Sara und ich eingezogen waren, all das Chaos mitbekam, auch den Neid und die Missgunst uns gegenüber, kam er auf mich zu und meinte: »Macht das mit eurer Ranch doch hier in Jajce, bei mir! Ihr könnt das Land gerne dafür haben. Ich brauche es nicht.«

Es war verrückt. Darko bot mir echt an, dass wir sein Grundstück für die Ranch nutzen könnten. Ich war sprachlos, einfach mega sprachlos. Aber: Ich musste ablehnen, denn der Verein hatte kein Geld für das Grundstück. Das Grundstück war um die 240 000 Quadratmeter groß und wir hatten ja schon 65 000 Euro für das andere Grundstück bezahlt. Als ich Darko das erklärte, winkte er ab und sagte: »Mach dir über das Geld keine Gedanken. Das kriegen wir schon hin. Wichtig ist jetzt erst einmal, dass die Ranch entsteht. Ich finde deine Idee einfach gut, ich finde dich gut, denn ich sehe, was du schaffst. Und das, was du schaffst, das ist gut für die Hunde. Ich sehe, wie du ihnen hilfst. Das möchte ich unterstützen.«

Das Angebot war der Hammer. Sara und ich weinten vor Erleichterung und Glück. Ich realisierte: Wenn sich eine Tür schließt, öffnet sich anderswo eine neue. Nur, dass es dieses Mal keine Tür war, sondern ein Tor, ein megagroßes Tor. Ich bin Darko bis heute einfach unglaublich dankbar für seine Hilfe und seinen Glauben an mich und das Projekt – wie sehr, das lässt sich gar nicht in Worte fassen.

Es war ein Zeichen, für mich in diesem Augenblick ein sehr wichtiges Zeichen. Denn in den Wochen davor hätte ich fast den Glauben an die Menschheit verloren. Doch dank Darko merkte ich, dass es noch viel Gutes gibt. Er kam in einer für mich heftig turbulenten und schwierigen Zeit in mein Leben und war mir eine sehr große Stütze. Er war für mich da, und dies nicht nur, wenn es um das Projekt ging. Er gab mir auch in vielen persönlichen Gesprächen immer wieder die Kraft, an mich selbst zu glauben. Ich wurde von ihm verstanden – und es war und ist Karma. Und, um das vorwegzunehmen: Darko und seine Frau Snježana sind mittlerweile weit mehr als nur gute Freunde. Sie sind wie Familie, und beide waren auch bei Saras und meiner Hochzeit im November 2024 unsere Trauzeugen. Aber zurück zur Ranch …

Mitte Juli 2024 rückten die ersten Bagger an, Laster kamen mit tonnenweise Baumaterial. Als ich das sah, breitete sich in mir ein Gefühl der Zufriedenheit aus, das Gefühl, dass sehr viele Hunde nun nicht mehr traurig sein und sich Sorgen machen müssen. Ich konnte den Hunden gegenüber mein Wort halten. Ich würde sie nicht enttäuschen. Das war mir wichtig. So viele von ihnen aus dem Asyl würden hier eine tolle neue Heimat bekommen, und all die Hunde, die wir noch retten würden, sollten hier endlich in einem schönen artgerechten Zuhause einfach glücklich sein können – und das für immer.

Die Baumaßnahmen liefen dann echt gut, täglich waren immer 10 bis 15 Leute auf der Baustelle am Arbeiten. Wir zogen quasi von null auf hundert die Ranch hoch, und ich freute mich mega über die vielen positiven Reaktionen aus der Community. Anhand der Posts konnten alle dabei zusehen, wie jeden Tag etwas passierte und die Ranch langsam immer mehr Form annahm. Wasseranschlüsse wurden eingerichtet, Kies wurde aufgeschüttet, Zäune wurden gebaut, und auch die auf dem Grundstück befindlichen zwei großen Häuser von zusammen gut 250 Quadratmetern sanierten wir komplett. In dem einen befindet sich heute unsere eigene Tierarztstation, das andere können die Hunde nutzen. Auch die drei kleinen alten Ställe wurden umfunktioniert und hergerichtet. Einer dient jetzt als Lager für Werkzeuge und Futter, ein anderer ist für unsere Zusammenkünfte als Team, ein weiterer kann von den Hunden als Schlafplatz und oder einfach als Rückzugsort genutzt werden. Die Gebäude für die Hunde sind offen, die Hunde können rein und raus laufen, so wie sie wollen.

Ich merkte, dass es gut war, dass ich von Baubeginn an vor Ort war. Zum einen war es eine tolle und wichtige Signalwirkung für das Team. Mido, Ivan, Shile und die anderen konnten noch intensiver spüren und sehen, wie wichtig mir meine Mission war und dass wir das alles gemeinsam schaffen konnten. Zum anderen konnte ich den Bau der Ranch direkt mitverfolgen und stand immer im engen Austausch mit Darko, unserem Vermieter. Ich muss es einfach immer wieder sagen: Ohne ihn hätte das alles gar nicht so gut und schnell funktioniert. Mit Kopf und Hand stand er mir zur Seite. Er kommt selbst aus der Baubranche, hat sich da einen Namen gemacht, hat da ein super Standing, und genau so etwas ist in Bosnien unbezahlbar. Ich meine, mich kannten die Leute in Jajce nicht und ich kannte dort auch niemanden. Und wenn du ein Unbekannter bist, noch dazu kein richtiger Einheimischer, dann kommen die guten Handwerker nicht, oder besser gesagt nicht so schnell und nicht so zuverlässig. Die kommen nur, wenn sie Vertrauen zu jemandem haben, wenn sie wissen, dass sie fair und vor allem zuverlässig bezahlt werden. Darko hatte genau die richtigen Kontakte und ein großes Netzwerk. Die Leute wussten, mit wem sie es zu tun hatten. Darum: Ich habe Darko nicht nur ein Hammer-Grundstück zu verdanken, sondern auch eine unglaubliche Unterstützung. Ohne ihn wäre die Ranch nie so schnell Realität geworden.

Ende August, Anfang September 2024 konnten wir dann die ersten Hunde vom Asyl auf die Ranch umsiedeln. Sabine vom Asyl und Mido wählten gemeinsam die Hunde aus und setzten dabei ein paar Prioritäten. Es waren vor allem zunächst einmal schwächere Hunde, die zu uns kamen, auch Hunde, die schon sehr lange im Asyl waren, und Hunde, die dort gemobbt wurden. Wir siedelten dann aber alle paar Wochen weitere

Hunde zu uns auf die Ranch um, sodass es im Frühjahr 2025 schon an die 150 waren.

Die Hunde aus dem Asyl auf der Ranch ankommen zu sehen – ich weiß gar nicht, wie ich das beschreiben soll, was da in mir vorging. Sie hatten im Asyl nicht viel erlebt beziehungsweise das, was sie dort erlebt haben, war der Horror gewesen. Und vielleicht hatte der eine oder andere von ihnen darum tatsächlich auch gedacht, er sei schon im Himmel, als er auf der Ranch ankam und zum ersten Mal Rasen unter den Pfoten spürte, richtig rennen konnte, es einfach sehr viel Platz und auch für jeden genug zu essen und zu trinken gab. »Ich habe es euch versprochen«, meinte ich, als ich die Hunde da rumflitzen sah. Dieses Versprechen halten zu können, war für mich sehr wichtig. Prinzipiell ist mir wichtig, mein Wort zu halten – egal, ob einem Menschen oder einem Tier gegenüber.

Rund 140 000 Quadratmeter haben wir jetzt (Frühjahr 2025) schon erschlossen – und damit erst die Hälfte des Grundstücks. Derzeit leben um die 425 Hunde auf der Ranch und noch um die 650 im Asyl. Die Bauarbeiten gehen weiter, und wenn die Ranch einmal so fertig ist, wie ich es mir denke, dann haben wir Platz für um die 800 Hunde. Der Wahnsinn!

Ich poste schon viel über den Alltag und die Hunde auf der Ranch, trotzdem gibt es immer wieder etliche Fragen von Followerinnen und Followern. Darum möchte ich einfach hier den Platz nutzen und ein wenig über den Alltag auf der Ranch erzählen.

DER MORGEN AUF DER RANCH

Mein Tag beginnt zumeist morgens um 5:30 Uhr. Ich mache mir dann einen Kaffee, schwarz, ohne Milch und Zucker, checke zuerst die Nachrichten, die Anfragen, schreibe die ersten Posts oder eine Story für Instagram. Ich mache das gerne gleich morgens in der Früh, denn dann ist es noch ruhig und ich habe, was die folgenden Stunden betrifft, den Rücken frei. Denn man weiß nie, was der Tag bringt.

So gegen 6:30 Uhr bringe ich dann alle Hunde raus, die bei uns im Haus leben, also zum Beispiel Aria, Sly, Hera und Medo, und schaue dann auch gleich nach den Hunden auf dem Hofareal direkt bei unserem Haus. Dieses Areal ist um die 20 000 Quadratmeter groß; Kango, über den ich später noch ausführlich berichten werde, hat da zum Beispiel seine Hütte. Auch Malena, Ares und Zarah leben hier, ebenso wie Askia.

Über sie würde ich gerne an dieser Stelle ein wenig erzählen, denn sie ist ein gutes Beispiel dafür, dass zwischen Wunsch und Wirklichkeit manchmal Welten liegen, dass Hunde auch Lebewesen sind und nicht einfach wie ein Roboter funktionieren.

Askia ist heute wohl um die vier Jahre alt. Sie sieht nach einem Boxer-Cane-Corso-Mischling aus und wurde im Spätsommer 2023 wahrscheinlich auf einer Straße in Bugojno ausgesetzt. Mido hat sie dort zum Glück aufgelesen und dann erst einmal ins Asyl gebracht, von wo aus Sara und ich sie adoptierten. Denn als Sanel, unser Tierarzt, und ich ein paar Recherchen anstellten, mussten wir feststellen, dass sie auf der Suche nach einem dauerhaften Zuhause bereits so gut wie quer durch Bosnien durchgereicht worden war. Es ging für sie von Sarajevo nach Zenica, dann nach Vitez und dann eben nach Bugojno. Eine Odyssee, eine Reise wahrscheinlich durch viele Familien. Immer wieder hatte sie die Hoffnung gehabt, endlich ankommen zu können, und dann doch die große Enttäuschung erlebt, auch diesen Menschen nicht zu genügen, nicht zu ihnen zu passen – so viele Erfahrungen und Begegnungen, und das alles innerhalb von 18 Monaten. Keiner wollte sie für immer haben und ich denke, ich weiß mittlerweile auch, warum: Wenn Askia sich freut, dann macht sie direkt Pipi. Sie kann das einfach nicht halten. Klar, das ist nicht schön, aber sind wir Menschen ohne Fehler? Hunde sind keine Roboter, keine Stofftiere. Ja, sie machen Arbeit, sie machen Dreck, sie machen Lärm – aber sie geben auch so viel Liebe, so viele schöne einmalige Momente. Wir jedenfalls sind megaglücklich, dass Askia bei uns lebt.

Das Hofareal ist so eine Art Miniranch, wo besonders schwache und kranke Hunde leben, die auf der Ranch einfach untergehen würden. Aber auch Hunde sind hier, die wir in der Zeit vor der Fertigstellung der großen Ranch gerettet haben und die wir dann nicht umsiedeln wollten, weil sie sich hier bereits eingewöhnt hatten. Kango gehört zum Beispiel dazu. Insgesamt sind es um die 50 Hunde, die auf dem Hofareal leben.

Der Tag auf der Ranch selbst beginnt gegen sieben Uhr. Dann kommen die ersten Mitarbeiterinnen und Mitarbeiter. Es gibt keine starre Aufteilung, wer was wann macht. Das wird immer individuell abgeklärt. Auch feste Termine für Teambesprechungen gibt es bei uns nicht. Zwar setzen wir uns mindestens einmal die Woche, ja, manchmal auch einmal am Tag zusammen und sprechen über Neuankömmlinge beziehungsweise Hunde, die besonderer Aufmerksamkeit bedürfen, und darüber, was sonst noch so erledigt werden muss, doch diese Zusammenkünfte geschehen auf Zuruf, also eher spontan. Wichtig aber an jedem Morgen ist, erst einmal zu schauen, ob die Hunde in Ordnung sind, ein besonderer Blick gilt da natürlich eben Neuankömmlingen und dem »Kindergarten« mit den Welpen. Dann gehen Dario, Anis und ihr Team das Gelände ab und säubern es, kontrollieren die Hütten und Zäune, bevor die Fütterung vorbereitet wird.

TIPP: WORAN ERKENNE ICH EINE SERIÖSE TIERVERMITTLUNG?

Für mich war und ist es einfach megawichtig, dass die Leute immer sehen, was ich mache, was wir als »Save the Dogs BIH« machen. Ich möchte, dass die Community ganz nah dran ist und weiß, welche Hunde wir gerettet haben und in welchem Zustand die Tiere sind. Vor allem aber sollen alle wissen, was auf der Ranch passiert, welche Baumaßnahmen es da gibt, wie wir da vorankommen und in diesem Zusammenhang vor allem auch, wofür wir die Spendengelder benötigen und verwenden. Es geht mir um Transparenz.

Was Adoptionen beziehungsweise Vermittlungen betrifft, so ist dies für uns als Verein wie erwähnt nur eine von mehreren Optionen. Bei der Vermittlung von Hunden gibt es – neben der Transparenz – noch einige weitere Punkte beziehungsweise Fragen, deren Klärung ich für absolut wichtig halte, wenn man einen Hund vielleicht auch aus dem Ausland adoptieren möchte. Angelehnt an eine Checkliste vom Deutschen Tierschutzbund sind das zum Beispiel:

1. **Hat der Verein eine Genehmigung nach §11 des Tierschutzgesetzes, Absatz 1 Nr. 5?**
   Für die Vermittlung brauchen Tierschutzvereine eine behördliche Erlaubnis nach §11 des Tierschutzgesetzes für die Vermittlung, Haltung, Pflege und Unterbringung von Tieren. Diese stellt der Staat aus; wir haben sie 2020 von der Schweiz ausgestellt bekommen.
   Nicht jeder erhält eine solche Bewilligung, und ich weiß auch noch, dass ich unzählige Dokumente und Protokolle vorlegen musste, bevor sie mir die Erlaubnis ausgestellt haben. Das war echt megaarbeits- und zeitintensiv. Aber ich finde die Genauigkeit, mit

der die Behörden hier vorgehen, total wichtig. Denn es geht dabei ja vor allem auch darum, den illegalen Hunde- insbesondere Welpenhandel zu stoppen. Es gibt Vereine, die keine Bewilligung haben und die Tiere dann einfach illegal ins Land schmuggeln.

2. **Pflegt der Verein eine informative und transparente Website beziehungsweise dokumentiert er auf Social Media (Instagram, TikTok et cetera) nachvollziehbar seine Aktivitäten?**
Für mich ist das ein ganz wesentlicher und wichtiger Punkt. Seit der Gründung von »Save the Dogs BIH« bin ich auf YouTube, TikTok, Instagram und Facebook präsent und poste, wenn möglich, täglich im Schnitt drei bis vier Beiträge über unsere Arbeit. Ich möchte, dass die Community weiß, wofür wir die Spenden brauchen und wofür wir sie verwenden.

3. **Hält der Verein den Kontakt zu Behörden und Tierärzten?**
Wir von »Save the Dogs BIH« stehen in regelmäßigem Austausch mit gleich mehreren Tierärzten, die unsere Hunde kennen und sich medizinisch um sie kümmern. Angesichts unserer großen Investitionen und Baumaßnahmen, aber auch als Arbeitgeber, der für seine Mitarbeiterinnen und Mitarbeiter alle gesetzlich verpflichteten Versicherungen abgeschlossen hat, stehen wir zudem natürlich auch in Kontakt mit den lokalen Behörden. Es geht in diesem Punkt wieder um Transparenz, und auch hier ist mir diese besonders wichtig und sollte es auch allen sein, die einen Hund von einem Verein adoptieren möchten.

4. **Nimmt sich der Verein die Zeit für eine ausführliche Beratung?**
Eine seriöse Organisation bietet eine ausführliche Beratung vor der Vermittlung an. Der Tierschutzverein vermittelt nicht nur an-

hand von Fotos, sondern ist in der Lage, konkrete Fragen zu dem ausgewählten Hund zu beantworten, und kann umfassende Informationen wie zum Beispiel Alter, mögliche Vorgeschichte, mögliche Verletzungen und so weiter liefern, damit die potenziellen neuen Besitzerinnen und Besitzer noch genauer wissen, was für einen Hund sie aufnehmen.
Ich finde es sehr wichtig, dass ausführliche Erstgespräche und Vorkontrollen stattfinden. Papier ist geduldig; hier kann doch jeder aufschreiben, was er möchte, und sich so als tierliebender und hundefreundlicher Mensch ausgeben. Darauf sollte man aber nicht vertrauen. In persönlichen Gesprächen und bei ein paar Kennlernterminen sollte man herausfinden, ob der Hund zu dem jeweiligen Menschen passt und ob der Mensch mit dem ausgesuchten Hund harmoniert.
Sollte sich ein Verein für Fragen im Vorfeld keine Zeit nehmen oder kein Interesse daran haben, dass man sich kennenlernt, ist das meines Erachtens kein seriöser Verein. Denn es soll doch funktionieren! Wir als Verein arbeiten zum Beispiel auch intensiv daran, die Patenschaftsbetreuung für unsere Ranchhunde auszubauen. Der Austausch ist einfach wichtig und zeigt, dass man das Tier und seine Belange ernst nimmt.

5. Klärt der Verein über Reisekrankheiten auf und lässt er die Tiere auf Wunsch vor dem Transport durch ein Fremdlabor testen?

Das ist ein ebenfalls wichtiger Punkt: Jeder, der einen Hund adoptiert, sollte wissen, welche medizinischen Untersuchungen es bei dem Hund bereits gab – und welche es unter Umständen noch geben sollte. Wir lassen beispielsweise bei jedem Hund, den wir finden und der dann zu einem unserer Tierärzte kommt, erst einmal einen 4D-Bluttest durchführen. Diesen finde ich insbesondere bei Streuner- beziehungsweise Straßenhunden sehr wichtig. Der Test erfasst die vier folgenden Erkrankungen: Borreliose, Anaplasmose, Dirofilariose und Ehrlichiose. Es sind Krankheiten, die zunächst zumeist kaum auffällige Symptome haben, und daher ist es wichtig, die Hunde daraufhin zu testen.

Insbesondere bei Welpen machen wir zudem in der Regel noch einen Parvovirus-Test und sogar auch einen Corona-Test, denn wir hatten schon mehrere Tiere, auch erwachsene Hunde, mit einer Corona-Erkrankung.

6. **Bestätigt der Verein, dass die Transporte über TRACES abgewickelt werden?**

Das sogenannte TRACES-System (Trade Control and Expert System) für Tierschutztransporte ist ein elektronisches System der Europäischen Union. Es ermöglicht eine lückenlose Überwachung von Tiertransporten, indem es Transporteure zur Anmeldung und Genehmigung von Tiertransporten verpflichtet, relevante Dokumentationen erfasst, Echtzeitüberwachung während des Transports ermöglicht und zudem zuständige Behörden benachrichtigt.

Das TRACES-System finde ich megawichtig. Denn es gibt einfach viel zu viele nicht überwachte Transporte nach Deutschland, nach Österreich oder in die Schweiz, wo Busse voll mit Hunden ankommen, in denen die Tiere total zusammengepfercht werden und teilweise mehrere Tage ohne Wasser, ohne Futter und ohne einen Gassigang auskommen müssen. Das ist pure Tierquälerei. Die Kontrollen sind da einfach zu lasch beziehungsweise sind einfach zu viele illegale Transporte unterwegs. Daher: Transporte, die ganz offen über TRACES abgewickelt werden, sind nicht nur ein Zeichen für Seriosität, sondern zeigen auch Respekt gegenüber dem Tier.

7. **Wird ein Vermittlungsvertrag geschlossen?**

Auch da kann es für mich keine Diskussionen geben. So ein Vertrag ist megawichtig, und jeder seriöse Verein sollte darauf pochen. So ein Vertrag ist einfach auch ein Schutzvertrag für den Hund, wird also vor allem auch in seinem Interesse, zu seinem Wohl und zu seiner Sicherheit abgeschlossen. Denn falls das versprochene wunderschöne Zuhause sich doch nicht als ein solches erweist und der Hund nicht tier- und artgerecht gehalten wird, kann die Organisation den Hund einfach ohne Diskussion wieder zurückholen. Denn rein rechtlich gehört der Hund noch immer dem Verein.

8. Steht die Organisation auch nach der Vermittlung für Fragen zur Verfügung?

Auch das ist ein Punkt, den ich für sehr wichtig halte. Die Betreuung beziehungsweise die Verantwortung eines Vereins für einen vermittelten Hund sollte nicht mit dem Unterschreiben der Adoptionspapiere aufhören. Vielmehr sollte das Interesse auch darüber hinausgehend bestehen. Es zeigt, dass dem Verein das Wohlergehen des Tieres wirklich am Herzen liegt und er es wichtig findet, dass der Hund und sein neues Herrchen oder Frauchen zueinander passen und gut miteinander zurechtkommen.

MAHLZEIT!

Zweimal im Monat kommt ein Lkw zu uns zur Ranch und liefert Säcke mit Hundefutter. Wir füttern eine Trockenfuttermarke; es gibt die Sorten Huhn und Lamm zur Abwechslung. Insgesamt verfüttern wir an die sechs Tonnen jeden Monat, und da wir ja auch noch die elf Tonnen Futter für das Asyl bezahlen, bin ich echt froh, dass wir bei dieser Masse vom Hersteller Sonderkonditionen bekommen. Trotzdem beläuft sich der Preis pro Tonne noch auf circa 850 Euro.

Wir haben über die Ranch verteilt verschiedene Futterstellen. Es gibt rund 20 Meter lange, zum Schutz vor Regen und Schnee überdachte Futtertröge, und zusätzlich verteilen wir immer mehrere große Näpfe rund um die Hütten. Schließlich mag nicht jeder Hund in Gesellschaft fressen beziehungsweise duldet er dann nur seine Rudelmitglieder um sich. Das haben wir im Blick.

Das erste Mal schütten wir morgens gegen 8:30 Uhr Futter in die Tröge. Sie werden regelmäßig nachgefüllt, sind daher eigentlich nie wirklich leer. Wasser gibt es für die Hunde frisch aus der Natur. Wir haben einen Bach, der quer durch das Ranchgelände führt. Das ist fast schon Luxus. Denn es ist absolut sauberes Quellwasser, das wir auch in die Näpfe rund um die Hütten schütten.

Ältere Hunde, unsere Senioren, bekommen ein anderes Futter. Denn oftmals haben sie schlechtere Zähne, können nicht mehr so gut beißen beziehungsweise kauen. Lukas und Zeus von der Ranch gehören dazu. Für sie gibt es Wurstfleisch mit Wild. Auch schwache Hunde und die Mamas mit Welpen bekommen diese Wurst, da sie zu 90 Prozent Fleisch enthält, also richtig gut ist. Ich bin Darko und seiner Frau Snježana auch hier total dankbar, denn jeden Monat schenken sie uns eine Tonne dieser Würste.

Zudem haben wir auch futterempfindliche Hunde auf der Ranch beziehungsweise auf unserem Hofareal. Neben den beiden Französischen-Bulldoggen-Hündinnen Emma und Elena sind das zum Beispiel die Stafford-Hündin Hope und eine weitere Französische Bulldogge namens Elaya. Sie füttern wir jeden Tag mit gekochtem Reis und frischem Hühnerfleisch.

BUNGALOWS MIT POOL

300 einzelne Hundehütten – das wäre es doch! Nein, im Ernst: Ich weiß gar nicht, ob die Hunde das wirklich so toll finden würden. Ich sehe ja, wie die Tiere auch gerne zu zweit oder dritt aneinandergekuschelt liegen. Klar ist auf jeden Fall: Hunde brauchen sichere Orte, wohin sie sich zurückziehen können und wo sie auch Schutz vor beispielsweise Regen finden. Bei uns gibt es daher – ich nenne sie mal so – Hundebungalows aus massivem Vollholz. Ziel ist es, einmal um die 60 solcher Bungalows verteilt auf dem gesamten Gelände der Ranch zu haben. Fertig haben wir bereits an die 30. Wir haben kleinere Bungalows mit einer Fläche von 15 bis 20 Quadratmeter und größere Bungalows mit um die 30 Quadratmeter. Die Bungalows sind überdacht, in jedem Bungalow liegt reichlich Stroh und Heu, das mindestens alle drei bis vier Tage und manchmal sogar täglich gewechselt wird – je nach Bedarf, also je nachdem, wie reinlich die Hunde sind. Die Bungalows haben keine Türen, die Hunde können auch da rein und raus, wie und wann sie möchten.

Zusätzlich zu den Bungalows haben wir noch kleinere Hütten aus Holz, außerdem einen rund 100 Quadratmeter großen Stall und das bereits erwähnte rund 250 Quadratmeter große offene Haus. In allen Unterkünften bringen wir nach und nach auch Wärmelampen und Heizungen an, damit die Hunde es selbst bei Minustemperaturen schön kuschlig haben.

Außerdem haben wir sechs große Hundepools. Die beiden Naturpools auf unserem Hofareal waren schon vorher da, die vier auf der Ranch haben wir extra angelegt. Das Wasser dafür kommt wie auch das Trinkwasser für die Hunde aus der Quelle, ist also superfrisch und klar. Solche Pools auf dem Gelände sind schon wichtig, denn im Sommer haben wir bei uns in Bosnien locker Temperaturen um die 30 Grad, da brauchen die Hunde eine Möglichkeit, sich zu erfrischen beziehungsweise abzukühlen.

Die Pools werden von den Hunden sehr gut angenommen, sie planschen da echt total gerne rum. Unser Vito zum Beispiel flippt regelrecht aus, wenn er die Pools sieht, nimmt einen Anlauf aus fünf, sechs Metern und springt dann kopfüber hinein. Nach der Erfrischung legen sich viele Hunde gemütlich in den Schatten unter einen der vielen Bäume auf dem Ranchgelände.

So heiß in Bosnien der Sommer sein kann, so brutal kalt ist allerdings auch der Winter. Das stellt uns wirklich vor Herausforderungen. Im Dezember 2024 schneite es so stark, dass selbst die Schneeräumfahrzuge nur mit Not zu uns durchkamen. Da war ich echt froh, dass wir bereits einen Monat zuvor, im November, die ersten Feuerstellen auf dem Gelände gebaut hatten – überdachte, mit Ziegelsteinen gemauerte, runde, gut einen Meter hohe Feuerstellen, mit betonierten Steinplatten drumherum. Es war toll zu sehen, wie diese Feuerstellen sofort von den Hunden angenommen wurden. Viele machten es sich bei den kalten Temperaturen auf den Steinplatten rund um die Feuerstellen gemütlich und genossen die abstrahlende Wärme.

TIPP: WILLKOMMEN IM NEUEN ZUHAUSE

Das wichtigste Willkommensgeschenk für einen adoptierten Hund ist, ihm jede Menge Zeit und Raum zu geben, um eigene Entscheidungen treffen zu können. Ich finde es falsch, ihm im Vorfeld bereits einen fixen Platz in der Wohnung oder im Haus zuzuordnen. Besser ist es, ihn erst einmal ankommen zu lassen, ihn in Ruhe alles erschnuppern zu lassen und zu schauen, wo es ihn hinzieht, wo er selbst sein möchte, wo er sich sicher fühlt. Man weiß zumeist nicht, welche womöglich traumatischen Erfahrungen er gemacht hat, was vielleicht Dunkelheit, Geschirrklappern und so weiter in ihm auslösen.

In einer neuen Umgebung prasseln auf den Hund viele Reize ein, die er erst einmal irgendwie sortieren und verarbeiten muss, um sich sicher zu fühlen und anzukommen. Auch sind Hunde da sehr verschieden. Es gibt welche, die brauchen einen festen Platz, um überhaupt entspannen zu können. Anderen wiederum ist das völlig egal, sie können an den verschiedensten Stellen zur Ruhe kommen. Das gilt es in den ersten Tagen zu beobachten.

Besonders wichtig finde ich, dem Hund gleich beim Ankommen ein megagutes Stück Fleisch anzubieten. Nicht das Standardfressen, auch keine kleinen Leckerchen, nein, etwas richtig Feines, Außergewöhnliches, wie eben ein Steak oder so etwas in der Art. Denn bei all seiner Aufregung in der neuen Umgebung wird der Hund dann gleich positiv registrieren: »Oh, wow, so etwas habe ich ja noch nie im Leben gehabt. Ich weiß zwar nicht, wo ich bin, aber hier gibt es schon einmal richtig leckeres Fressen. Das ist gut hier.«

ALLE FÜR EINEN, EINER FÜR ALLE

Mido ist ein sehr spezieller junger Mann. Wenn ich ihn beobachte, wenn ich mit ihm rede, wenn ich ihn über die Hunde reden höre, klingt er manchmal so weise und bedacht wie ein alter Mann. Es spricht so viel Liebe aus seinen Worten, dass ich manchmal kaum glauben kann, dass er noch so jung ist – ich meine, er ist Jahrgang 1996, 1997. Früher, als er Anfang 20 war, war Mido viel im Ausland, hat in Österreich und auch in Deutschland als Bauarbeiter gearbeitet. Er war Saisonarbeiter, ist viel rumgekommen, hat auch ganz gut verdient. Er hat sich auf den Baustellen auch wirklich gut geschlagen; wer Mido kennt, den verwundert das nicht. Er packt mit an, er hält etwas aus, auf ihn ist Verlass. Aber Mido zog es zurück in die Heimat. Er wollte nicht ständig unterwegs sein, nicht wissend, wo er nächsten Monat ist. Er wollte zu Hause in Bugojno bei seiner Familie sein, denn die ist ihm besonders wichtig.

Als er dann 2019 in Bugojno bei unserem Tierarzt Sanel ein paar Bauarbeiten erledigen musste, kamen die beiden ins Gespräch. Mido erzählte, dass er gerne in Bugojno bleiben würde, und Sanel meinte, im Asyl könne man jemanden wie ihn gut gebrauchen. Wie groß Midos Liebe zu seiner Familie, aber auch zu den Hunden ist, zeigt sich daran, dass er dann auch tatsächlich im Asyl anfing und dafür einen echt miserablen Lohn erhielt. Aber Hunde in Bosnien sind nun mal nichts wert, und wer für sie oder bei ihnen arbeitet, der »verdient« – in doppelter Bedeutung – auch nicht viel Geld.

Mido war das egal. Er hatte bei dem guten Verdienst auf den Baustellen immer ein paar Euro beiseitelegen können, sodass er ein kleines finanzielles Polster hatte. Und viel wichtiger als die Bezahlung war Mido, dass er bei seiner Familie war. Es ist eine anständige Familie. Ich kenne sie. Mido hatte früher sogar eigene Hunde, ich meine, drei bis vier, die Familie war Hunden gegenüber auf jeden Fall aufgeschlossen und zugewandt – im Gegensatz zu vielen anderen Menschen in Bosnien.

Als ich Mido im Sommer 2020 das erste Mal traf, als er bei uns auf der ersten Ranch aushalf und vor allem, als ich im Herbst 2022 das Asyl besichtigte und näher mit ihm in Kontakt kam, ich erwähnte es schon, spürte ich gleich seine große Liebe und Begeisterung für die Hunde. Er gibt ihnen Sicherheit und sie geben ihm Halt.

Mido macht es einem sehr, sehr einfach, sich mit ihm zu verstehen. Er ist ein herzensguter, tierliebender, eigentlich immer gut gelaunter, motivierter und verlässlicher junger Mann. Ich bin froh, so froh, dass er Teil meines Teams ist.

Ohne mein Team wäre ich, wäre der Verein »Save the Dogs BIH« heute nicht da, wo er steht. Dass wir nahezu jeden Tag Hunde aus echt katastrophalen und unvorstellbaren Verhältnissen befreien können, habe ich vor allem dem unermüdlichen Einsatz und der Aufmerksamkeit meiner Leute zu verdanken. Danke! Danke! Danke!

Aktuell sind wir ein über 30-köpfiges Team, das sich um die Hunde kümmert. Die größte Voraussetzung, um bei uns zu arbeiten, ist natürlich, tierlieb zu sein und im Idealfall bereits Erfahrung mit Hunden zu haben. Wichtig ist einfach, keine Angst vor Hunden zu haben und ihnen gegenüber positiv eingestellt zu sein. Auch dürfen die Mitarbeiterinnen und Mitarbeiter keine Scheu und keinen Ekel empfinden oder sich zu fein dafür sein, die Hinterlassenschaften der Hunde zu beseitigen. Bei so vielen Hunden auf der Ranch kommt schon einiges zusammen. Klar müssen sie auch körperlich fit und belastbar und nicht wetterscheu sein. Denn egal, ob es regnet, schneit oder die Sonne scheint, egal, ob wir Minustemperaturen haben oder eine Höllenhitze – die Hunde müssen versorgt werden.

Doch fast genauso wichtig ist, dass sie hinter ihrem Beruf stehen, von ihm überzeugt sind und sich auf keinen Fall dafür schämen. In Ländern wie Deutschland, in der Schweiz oder auch in den USA, in England, Australien oder was weiß ich für Ländern, in denen Hunde mit dem nötigen Respekt behandelt werden und anerkannter Teil der Gesellschaft sind, würde es heißen: »Oh, wow, du arbeitest mit Hunden? Du rettest und befreist Hunde? Du bist ein guter Mensch!« In Bosnien aber ist das anders und eher das Gegenteil der Fall. Da denken viele Leute, dass du wohl keinen anderen

Job gefunden hast, dass du ein unhygienischer, dreckiger Mensch bist, der 24/7 nach Hundescheiße stinkt.

Ich kenne viele in Bosnien, die diesen Beruf durchaus gerne ausüben würden, die aber auch von sich selbst wissen, dass sie es mental nicht aushalten würden, wenn sie von anderen dafür ausgelacht, verhöhnt oder nicht wahrgenommen werden. Ich weiß es doch selbst noch, ich habe es ja selbst erfahren, als ich anfing, anderen in Bosnien von meiner Idee mit der Ranch zu erzählen. Sie haben überhaupt nicht nachvollziehen können, warum ein Hund aus einem Zwinger, ein Hund an einer Kette, ein Hund, der jeden Tag geschlagen wird, also warum Hunde aus ihren katastrophalen Lebensumständen überhaupt herausgeholt und gerettet werden müssen. Für sie ist ein Hund einfach eine Sache.

Nicht nur die Hunde brauchen manchmal ein dickes Fell, sondern auch die Menschen, wir, die sie retten, um uns so vor Anfeindungen zu schützen.

Ehrlich gesagt, ist es daher auch gar nicht so leicht, vor Ort passende Mitarbeiterinnen und Mitarbeiter zu finden. In Deutschland, in Österreich oder in der Schweiz wäre das Interesse groß und es gäbe Anfragen, ob man bei uns arbeiten kann. In Bosnien ist dies noch nicht die Regel. Wenn ich jemanden für unser Team suche, spreche ich daher mit Mido, Ivan und Darko. Denn in Bosnien funktioniert nahezu alles vor allem über Kontakte. Mido hat in Bugojno ein gutes Netzwerk an Leuten, Ivan in Jajce und Darko kennt einfach jede Menge Leute. Manchmal haben sie schon gleich jemanden im Hinterkopf, manchmal überlegen sie auch ein paar Tage, fragen noch rum. Wenn sie mir jemanden vorgeschlagen haben, lade ich die Person zu einem kurzen Vorstellungsgespräch ein, bei dem dann in der Regel auch Ivan mit dabei ist. Zum einen, weil er die Leute aus dem Dorf gut kennt, und zum anderen ist er seit zwölf Jahren bei der Polizei, arbeitet bei uns nur nebenberuflich und hat so immer mit den unterschiedlichsten Menschen zu tun. Ich schätze seine ungeheure Erfahrung, er hat eine gute Menschenkenntnis. Ihm macht so schnell keiner etwas vor. Und das ist wichtig, denn wir brauchen Leute, die Lust auf den Job haben und wissen, was auf sie zukommt. Das klären wir dann auch in dem Gespräch. Wir fragen nach ihren Vorstellungen und erzählen von dem Alltag auf der Ranch. Wir sagen, dass es kein Streichelzoo ist, dass es richtige Arbeit ist und dass Hunde wie wir Menschen auch manchmal nerven können.

Auf der Ranch haben wir sozusagen Kernarbeitszeiten: Im Winter sind diese von 7 bis 15 Uhr beziehungsweise von 8 bis 16 Uhr, im Sommer von 7 bis 15 Uhr und von 12 bis 20 Uhr. Aber im Grunde weiß auch jeder, der bei uns arbeitet, dass es ein 24/7-Job ist. Man muss immer bereit sein, Tag und Nacht. Hunde werden nicht nur zwischen 12 und 16 Uhr auf der Straße ausgesetzt, verletzt, gequält oder an der Kette gehalten. So gesehen ist allen in meinem Team klar, dass es keinen wirklichen Feierabend gibt. Wenn beispielsweise unser Tierarzt Sanel nachts einen Anruf bekommt und uns daraufhin kontaktiert, dann rücken wir natürlich aus. Armin aus unserem Team hat zum Beispiel mal nachts auf der Straße einen frei laufenden einsamen Hund gesehen, einen Huskymischling, und ist dann natürlich nicht einfach weitergegangen, sondern hat den Hund mit Futter angelockt, um so sein Vertrauen zu gewinnen und ihn einsammeln zu können.

Tatsächlich arbeitet jeder aus dem Team freiwillig länger als 8 Stunden, wenn es nötig ist. Und ich, ich arbeite bestimmt jeden Tag 16 Stunden für das Projekt. Doch wenn es um das Wohl der Hunde geht, darum, ihnen zu helfen, dann schaut keiner aus meinem Team auf die Uhr. Und: Da wir ja auch am Wochenende arbeiten, gibt es unter der Woche für jeden immer zwei Tage frei, und auch den gesetzlich vorgeschriebenen Urlaub bekommen meine Leute, das ist ja klar.

Ich denke schon, dass das Arbeitsverhältnis und die Arbeitssituation gut sind. Im Grunde sind wir auch keine Arbeitskollegen, wir sind mehr wie eine große Familie, wo jeder für den anderen einsteht und wo alle für die Hunde einstehen. Ich habe auch einen Händler gefunden, der qualitativ gute wetterfeste Kleidung anbietet, und so statten wir die Mitarbeiterinnen und Mitarbeiter mit Schuhen, Jacken, Hosen, mit wetterfesten Sachen aus. Auch bekommen meine Mitarbeiterinnen und Mitarbeiter einen für bosnische Verhältnisse guten, fairen Lohn zum Leben.

Ich bin wirklich mächtig stolz auf mein Team, zu dem auch noch fünf feste Bauarbeiter gehören und natürlich die Leute – derzeit sind es elf –, die sich um die Social-Media-Sachen kümmern, also Mails und Kommentare beantworten und die Hunde-Patenschaften verwalten. Sie sitzen verteilt in Deutschland, in Österreich, in der Schweiz und auch in Bosnien und machen das ehrenamtlich. Das ist megaklasse, ich bin ihnen einfach so dankbar. Denn alleine könnte ich das alles gar nicht mehr bewältigen. Sie halten mir den Rücken frei, damit ich mich auf das Wesentliche, auf das Retten von Hunden konzentrieren kann. Zudem erstelle ich den Content für Instagram, Facebook, YouTube und TikTok.

Mein Fazit: Dem Team habe ich es zu verdanken, dass wir mit »Save the Dogs BIH« bereits so vielen Hunden helfen konnten, die heute auf der Ranch ein schönes Leben führen. Danke, Leute, ohne euch wäre ich, ohne euch wäre der Verein nichts!

GESUCHT – GEFUNDEN – GERETTET!

Der Anruf kam am späten Nachmittag Mitte Dezember 2024. Die Polizei von Bugojno meldete sich bei Sanel, unserem Tierarzt, und berichtete von einem verletzten Hund. Sanel rief dann gleich Mido an, der sofort mit dem Transporter zu der angegebenen Stelle rausfuhr. Was er da zu sehen bekam, war schrecklich: Ein junger Mann und eine junge Frau waren schon dort, sie waren es auch, die die Polizei alarmiert hatten. Sie hatten einen Hund laut jaulen gehört. Der Hund lag auf dem Feld mit schwersten Verletzungen im Gesicht, und seine Pfote war abgetrennt. Es war offensichtlich, dass dies von Menschenhand geschehen war. Ich möchte da gar nicht weiter darauf eingehen, da ich sonst nur ausfallend werden würde. Die Wunde war jedenfalls noch frisch, das Blut tropfte auf den Boden. Mido fuhr den Rüden dann gleich zu Sanel in die Praxis, wo er unter Narkose kam und seine Wunden in Ruhe gereinigt und genäht wurden.

So schlimm eine solche Geschichte ist – sie zeigt mir, dass wir als »Save the Dogs BIH« auf dem richtigen Weg sind. Als sie den Hund entdeckt hatten, hatten der junge Mann und die junge Frau sofort versucht, den Hund zu beruhigen, und riefen die Polizei – und diese dann uns. Etliche Leute in Bosnien inklusive der Polizei sind mittlerweile sensibilisiert für das Thema und wissen, dass sie uns beziehungsweise auch Sanel, unseren Tierarzt, jederzeit kontaktieren können, wenn sie einen Hund in Not sehen. Sie wissen, dass wir Hunde retten, sie medizinisch versorgen und ihnen ein artgerechtes schönes Zuhause bieten. Dass dies mittlerweile in der Bevölkerung bekannt ist, liegt an Social Media und ist vor allem auch der Mund-zu-Mund-Propaganda zu verdanken.

Zwar machen wir immer noch Touren, wo wir gezielt Ausschau nach ausgesetzten Hunden halten, und sprechen Leute auch an, wenn wir bei ihnen etwa einen Hund an der Kette oder im Käfig sitzen sehen. Doch mittlerweile kommen die meisten Hunde zu uns; wir müssen sie nicht mehr suchen, sondern sie finden uns beziehungsweise sie werden gebracht.

Es sind Anwohner, die uns anrufen und über einen Kettenhund in der Nachbarschaft berichten, Spaziergänger, die irgendwo im Busch ein Fiepen und Bellen gehört haben, Bauarbeiter, die auf der Baustelle eine Hündin mit Welpen gefunden haben, und und und. Manchmal sind es sogar die eigenen Besitzer des Hundes, die sich telefonisch melden und sagen, dass wir ihren Kettenhund holen können, er hätte es besser bei uns.

Wenn es einen Hund im Raum Bugojno zu retten gibt, rückt Mido aus. Wenn der Hund sich näher an Jajce befindet, dann fahren Ivan oder ich, manchmal auch Shile. Das ist ziemlich klar geregelt, denn oft sind die Hunde verletzt, es geht um Leben oder Tod, sodass es schnell gehen muss. Zudem geht die Rettung eines Hundes oftmals auch mit einem gewissen Risiko für das eigene Leben einher. Nicht jeder aus dem Team ist schon für Interventionen geeignet, und da ich die Verantwortung für meine Mitarbeiterinnen und Mitarbeiter trage, lasse ich das wirklich nur diejenigen mit Erfahrung machen.

Wie viele Anrufe es am Tag gibt, kann ich gar nicht sagen. An einem Tag sind es nur zwei oder drei, an anderen Tagen sind es dann gleich zehn und mehr. Manchmal kriegen wir einen Notfall morgens um vier Uhr rein, ein angefahrener und verletzter Hund auf der Landstraße, manchmal auch abends kurz vor Mitternacht. Ich bedanke mich dann natürlich immer bei den Leuten, die anrufen. Sie sollen wissen, dass sie das Richtige getan haben und dass sie einem Tier damit sehr geholfen haben. Sie haben ein Leben gerettet, worauf sie stolz sein können. Ihnen das zu vermitteln und ihnen ein gutes Gefühl zu geben, ist mir wichtig, denn so funktioniert auch die Mund-zu-Mund-Propaganda, von der wir, aber vor allem die Hunde profitieren.

Nur mal so zur Einordnung: Im Jahr 2022 waren es erst um die 150 bis 200 Hunde, die wir gerettet haben, im Jahr 2023 waren es dann schon um die 200 bis 250 und im Jahr 2024 an die 300 bis 400 Hunde, die wir aufgenommen haben. Der Anstieg erklärt sich natürlich auch dadurch, weil wir die Ranches und damit den Platz geschaffen haben, weil es jetzt mehr Mitarbeiter und Mitarbeiterinnen gibt, aber eben auch, weil in der Bevölkerung nicht mehr weggesehen wird, wenn ein Hund leidet. Trotzdem sind wir diesbezüglich noch lange nicht am Ziel, denn dafür gibt es noch zu viele Hunde, die am Rande der Gesellschaft vor sich hinvegetieren. Es ist also noch viel Arbeit, jeden Tag, die Leute weiter für das mögliche Leid von Hunden zu sensibilisieren.

TIPP: DIE ERSTEN TAGE MIT DEM NEUEN HUND

Jedem, der einen Hund adoptiert, lege ich nahe, sich – sofern möglich – eine Woche freizunehmen, um so gemeinsam, als Team, in einem neuen Lebensabschnitt anzukommen. Ich rate auch dazu, sofern es möglich ist, den Hund selbst abzuholen. Denn ich habe schon oft davon gehört, dass Hunde auf Videos menschenzugewandt und zutraulich waren und dann nach dem Transport beim Ankommen in ihrem neuen Zuhause wie ausgewechselt schienen – ängstlich, unsicher, menschenscheu – und es auch echt lange, lange dauerte, bis sich dies änderte.

Das kann so sein, muss aber nicht. Einige Hunde stecken den Transport aus dem Ausland ziemlich gut weg, andere kommen mit dem brutalen Stress gar nicht zurecht und die Reise macht mitunter viel in ihrem Wesen kaputt. Diese Hunde brauchen dann noch mehr Liebe und Zeit, um sich zurechtzufinden und Vertrauen aufzubauen.

Wer sich eine Woche freinehmen kann und am besten vorher auch schon seinen Kühlschrank mit Lebensmitteln gefüllt hat, sodass er den Hund nicht für irgendwelche Einkäufe alleine lassen und auch keinen Lieferservice bestellen muss, der nur für Unruhe bei dem Hund sorgen würde, der hat die Möglichkeit, seinen Hund genau zu studieren und so viel über sein Wesen zu erfahren. Ist er eher der neugierige Vertreter, der viel von sich aus herumläuft, herumschnüffelt und sich alles anschaut? Oder ist er der vorsichtige Vertreter, der es langsam angehen lässt, sich gerne auch mal zurückzieht und viel Aufmunterung braucht, um Neues zu entdecken? Ist er eher tollpatschig? Hat er Bock auf Spielen? Wie viele Ruhepausen braucht er und wie lange sind diese? All das und viel mehr lässt sich in den ersten Tagen nach und nach erkennen. Hauptsache ist, dem Hund, aber auch sich selbst Zeit zu geben und keinen Druck in Form zu hoher Erwartungen aufzubauen.

SAFETY FIRST!

1000 mal berührt, 1000 mal ist nichts passiert – doch das ist keine Garantie dafür, dass nicht doch mal etwas passieren kann. Was ich sagen will: Hunde haben ihren eigenen Kopf, und in den können wir ja nun mal nicht hineinschauen. Wir wissen nicht genau, was sie beschäftigt, was ihnen Angst macht, was bei ihnen eine Panik auslöst. Gerade bei den Hunden, die wir auf der Straße auflesen, wissen wir zumeist nichts über deren Vorgeschichte. Wir wissen nichts über eventuelle traumatische Erfahrungen und was deren Auslöser beziehungsweise was deren Ursache war. So gesehen kann es tatsächlich sein, dass man einen Hund hundertmal streichelt und mit ihm spielt, und alles ist fein, und dann, beim 101. Spielen, schnappt er plötzlich wie aus dem Nichts zu. Alles schon vorgekommen. Ich erinnere mich da zum Beispiel an eine Beißverletzung bei Anis aus meinem Team. Er hatte wirklich wie schon zig-mal zuvor mit einem Hund gespielt und mit ihm gekuschelt. Doch plötzlich biss der Hund ihn direkt ins Gesicht, ohne Vorankündigung. Das war echt heftig. Ich weiß und auch Anis wusste, dass es der Hund nicht böse gemeint hatte. Er wollte sich nur schützen beziehungsweise verteidigen. Die Wunden in Anis' Gesicht sind dann zum Glück auch schnell wieder verheilt, aber: So ein Vorfall zeigt auch das Risiko, das wir jeden Tag bereit sind einzugehen.

Wir arbeiten ja hauptsächlich mit traumatisierten, mit teils schwer traumatisierten Hunden zusammen. Das erfordert ein enormes Fingerspitzengefühl und eine enorme Wachsamkeit, denn wir wissen zumeist nie genau, was der Hund erlebt hat. Wir wissen nicht, welche Aktion unsererseits bei ihm was auslöst oder auslösen könnte. Dementsprechend beobachten wir jeden Neuankömmling so intensiv wie möglich, versuchen Verhaltensmuster zu erkennen. Wenn wir den Eindruck haben, dass ein Hund insbesondere im Rudel schwierig ist, dass er irgendwelche Probleme hat, nehmen wir ihn da raus, gehen einzeln mit ihm spazieren, geben ihm ein bisschen mehr Aufmerksamkeit, um ihn besser kennenzulernen.

Es geht um unsere Sicherheit, aber vor allem auch um die Sicherheit eines jeden Hundes. Daher haben wir zum Beispiel auch das bislang erschlossene Ranchgelände in drei einzelne große Gehege mit jeweils großzügigen Rückzugsmöglichkeiten in Form von Hütten unterteilt. Denn mehr als 300 Hunde auf einem einzigen, nicht unterteilten Gelände – das geht nicht, das wäre einfach nur Chaos.

Natürlich gibt es bei Hunden Rudel und im Rudel Hierarchien. Der Mitläufer ist der Mitläufer, der Schwächste ist der Schwächste und der Stärkste ist der Stärkste, und wenn einer aufmuckt, wird er zurechtgewiesen, damit er wieder in seine Rolle passt. Bis zu einem bestimmten Maße ist das die Natur, doch wenn ein Hund keine Chance hat, sich beispielsweise nach einem stark erlebten Trauma wie der jahrelangen Einzelhaltung in einem viel zu kleinen Käfig zu entfalten, sondern gleich wieder unterdrückt und in die Schranken gewiesen wird, ist das nicht im Sinne unseres Projekts.

Durch das unterteilte Gelände können wir die schwächeren Hunde von den stärkeren trennen. Die schwächeren Tiere sollen nicht unnötig unter Druck gesetzt werden. Man muss immer schauen, wie die Aufteilung harmoniert. Natürlich kontrollieren wir das regelmäßig, schauen zum Beispiel, ob nicht vielleicht doch ein Hund in seinem Rudel gemobbt wird. Ist dies der Fall, holen wir den Hund natürlich sofort da raus. Besonders unverträgliche Hunde, von denen wir um die drei auf der Ranch haben und zu denen beispielsweise Balu gehört, über den ich später noch erzählen werde, haben übrigens ihre eigenen Boxen und ihr eigenes kleines Areal.

Trotzdem kommt es zwischen Hunden in einem Gehege auch mal zu Auseinandersetzungen. Das will ich gar nicht leugnen, denn es wäre unnatürlich, wenn es nicht so wäre. Zum einen passiert das so auch in der Natur; Straßenhunde gehen mitunter aufeinander los, und manchmal wird dabei ein Hund auch verletzt. Zum anderen haben Hunde einfach ihre Instinkte, sie treffen eigene Entscheidungen, und mit Kameras lässt sich nicht jeder Winkel 24/7 überwachen.

Für mich geht es darum, dass die Hunde so artgerecht wie möglich leben können. Dass sie nicht – wie in viel zu kleinen Auffangstationen manchmal der Fall – eingesperrt sind, in zumeist nur wenige Quadratmeter großen Zwingern, jeder für sich oder mit Glück noch mit zwei, drei Artgenossen zusammen. Okay, da sind die Hunde dann zwar vorerst sicher, doch viele der Tiere sind danach auch oftmals mental angeknackst. Bei uns auf der Ranch können die Hunde einfach Hunde sein.

Bevor jetzt aber ein falscher Eindruck entsteht: Beißereien, oder auch Kämpfe zwischen den Hunden, bei denen mal richtig was passiert, sind auf der Ranch wirklich selten.

Ebenfalls aus Sicherheitsgründen haben wir zwischen den Gehegen einen Sichtschutz installiert, damit die Hunde sich am Zaun nicht gegenseitig stressen. Die Zäune, Stahlzäune, sind 2,20 Meter hoch und im Boden einbetoniert. Denn auch den Buddeleifer von so manch einem Hund darf man nicht unterschätzen. Aria zum Beispiel, über die ich später noch berichten werde, hat sich auf der ersten Ranch, als die Zäune noch nicht einbetoniert waren, einmal unter einem Zaun durchgegraben, und schwups – war sie weg. Sie ist aber nicht etwa davongelaufen, sie lief einfach auf der anderen Seite des Zauns auf und ab und schaute neugierig, was es da so zu erleben gab.

TIPP: WIE GEWÖHNE ICH ZWEI ODER MEHRERE HUNDE ANEINANDER?

Wir haben auf der Ranch ein separates Areal von um die 400 Quadratmeter. Dorthinein kommt ein Neuankömmling erst einmal allein, meist für einen Tag. In dieser Zeit kann der Hund die Gerüche annehmen, sieht die anderen Hunde schon durch den Zaun und die anderen Hunde sehen ihn. Sie können sich durch den Zaun hindurch auch schon beschnuppern. Das ist gut. Denn es geht wirklich darum, den anderen »gut riechen zu können«.

Auch auf diesem separaten Areal gibt es gute Rückzugsmöglichkeiten – zum Beispiel einen Hundebungalow. Der ist um die 50 Quadratmeter groß, mit viel ausgelegtem Stroh und Heu darin. Dort kann es sich der neue Hund gemütlich machen, in Ruhe schauen und realisieren, wo er ist. Er kann beobachten und so nach und nach langsam ankommen. Für viele Hunde, die zu uns kommen, ist das alles erst einmal ein Schock: eine neue Welt, ein komplett noch nicht gekanntes Leben. Die denken wahrscheinlich erst einmal: »Hey, wo bin ich denn hier gelandet? Ich sehe da Menschen, die haben was zu fressen für uns Hunde und geben uns das auch. Ich sehe Hunde, die spielen ausgelassen, da ist keine Kette, die sie zurückhält. Die können sich wirklich frei bewegen. Ich spüre da kein Leid!« Stattdessen spürt der Hund gleich ganz viel positive Energie, was die Zusammenführung einfach macht. Im Gegensatz zu viel zu kleinen Auffangstationen, wo die Hunde eingesperrt in Boxen oder Zwingern sind, wo es kaum Ruhe gibt, sondern überall und ständig ein Winseln und Weinen zu hören ist, hat der Hund bei uns gleich eine andere Ausgangsbasis. Das ist schon ein Vorteil.

Und: Was im Großen funktioniert, kann auch im Kleinen funktionieren. Wichtig ist, nichts vorauszusetzen. Wirklich jeder Hund ist anders. Manchmal rette ich einen Hund und denke: »Na, der lebt sich bestimmt schnell auf der Ranch ein«, und dann braucht er doch Wochen. Und manchmal, wenn ich denke: »Hui, das könnte schwierig werden, eher ein Einzelgänger. Mal schauen, wie lange er braucht, bis er sich integriert«, ist er binnen weniger Tage, manchmal sogar binnen weniger Stunden gleich ein Teil der Gemeinschaft.

Die meisten Hunde kommen gut miteinander klar. Doch viele sind durch eine Einzelhaltung in ihren Instinkten und in ihrem natürlichen Rudelverhalten gestört. Es wird auch zu viel vermenschlicht. Viele Halterinnen und Halter von Hunden übertragen ihre Ängste auf den Hund, sodass das Tier misstrauisch anderen Hunden gegenüber ist. Auch haben Menschen schnell eine Erwartungshaltung von wegen »Ah, auch ein Straßenhund. Dann verstehen sich die beiden bestimmt«. Klar, das kann sein, muss aber nicht sein.

Wichtig ist meiner Meinung nach für Hunde, ganz in Ruhe Gerüche und Energie annehmen, verarbeiten und so verstehen zu können. Daher ist es gut, wenn sich zwei Hunde, die miteinander auskommen oder sogar zusammenleben sollen, erst einmal auf neutralem Terrain treffen. Dieses sollte auf keinen Fall in der Nähe des Zuhauses sein. Gut ist, wenn das Terrain für beide Hunde neu ist. So haben beide Hunde quasi die gleichen Rechte und es kommt nicht zu einer möglichen Verteidigung des Gebiets.

Man sollte die Hunde sich gegenseitig langsam beschnuppern lassen – auch beide zum Beispiel an der Leine halten – und dabei die Körpersprache der Hunde lesen. Stellen sich die Haare am Rücken auf, die Ohren, der Schwanz? Geht das Tier nach vorne oder eher zurück? Wenn der Hund die Lefzen nach oben zieht, könnte das bedeuten, dass er unsicher oder ängstlich ist und auch, dass er bereit ist zu beißen.

Ist zu viel Unsicherheit und Unruhe zwischen den Hunden zu spüren, kann ein gemeinsamer Spaziergang helfen, fürs Erste Ruhe reinzubringen.

DOG DOCS

Der Anblick war schlimm, ehrlich gesagt hatten wir bislang noch nie einen Hund mit einem solch zerfetzten Gesicht gesehen. Ihre ganze Schnauze war zerbissen, die Nase, die Lefzen – die Hündin muss unendlich große Schmerzen gehabt haben.

Es war Anfang Dezember 2024, als wir eine Meldung über einen Hund bekamen, der von einem Wildschwein angegriffen worden war. Der Besitzer war mit seiner Hündin im Wald unterwegs, als er merkte, dass sie einen Geruch aufgenommen hatte und einer Spur nachging. Kurz darauf fiel etwas Großes über die Hündin her. Uns wurde berichtet, dass es ein Wildschwein gewesen sei. Aufgrund der extrem schlimmen Verletzungen am ganzen Körper und vor allem im Kopfbereich glauben wir, dass es ein sehr großes und aggressives Tier gewesen sein muss. Die Hündin erlitt massive Verletzungen und sah mehr tot als lebendig aus.

Andere Besitzer hätten dem Hund keine Chance mehr gegeben und hätten ihn wahrscheinlich – wie in Bosnien leider oft üblich – sofort erschossen. Doch ihr Herrchen übergab die Hündin unserem Tierarzt Sanel und bat um Hilfe. Sanel musste die Hündin dann erst einmal vorübergehend ins künstliche Koma legen, um sich ein Bild über das Ausmaß ihrer Verletzungen zu machen und in Ruhe die Versorgung der Wunden zu planen. Ich bin mir sicher, dass insbesondere Außenstehende, vielleicht sogar auch andere Tierärzte beim Anblick der extremen Verletzungen, dem allgemein sehr schlechten Gesamtzustand inklusive katastrophaler Blutwerte diese Hündin hätten einschläfern lassen. Aber hat nicht auch ein Hund das Recht, solange er kann, um sein Leben zu kämpfen? Okay, das Gesicht war schlimm verletzt und sie war sehr abgemagert, aber Mido sagte, er habe den Lebenswillen dieser Hündin gespürt. Sie hatte noch nicht resigniert, noch nicht kapituliert. Und ich meine: Wenn ein Mensch einen Arm oder ein Bein verloren hat, dann schreibt man ihn doch auch nicht gleich ab. Wenn es bei einem Menschen eine Überlebenschance gibt, und sind seine Verletzungen noch so schlimm, wird doch auch alles versucht, um ihn zu retten, oder?!

Die Operation war nicht einfach und dauerte fast vier Stunden, genau genommen 3 Stunden und 50 Minuten. Sanel musste viel zusammennähen. Der Zustand der Hündin war danach extrem kritisch, da sie eben auch echt stark unterernährt war. Ehrlich gesagt war sie nur noch Haut und Knochen, was es noch erstaunlicher machte, dass sie diesen heftigen Angriff von dem Wildschwein überhaupt überlebt hatte. Sie war und ist eine echte Kämpferin.

Mido hatte die Hündin von Anfang an besonders in sein Herz geschlossen. Er wachte in der Praxis an ihrem Krankenlager, kuschelte vorsichtig mit ihr, sprach ihr Mut zu, gab ihr etwas Futter. Diese Zuneigung, die man da sehen konnte, zeigte mir einmal mehr, dass mein Team und ich auf dem richtigen Weg sind. Ich vermittle dem Team immer, dass es nicht nur darum geht, die körperlichen Wunden der Tiere zu versorgen und ihnen Wasser und Futter hinzustellen, sondern dass es zusätzlich enorm wichtig ist, dass die Tiere bei ihrem Heilungsprozess auch Liebe, Geborgenheit, Sicherheit zu spüren bekommen, da sich dies positiv auf die Heilung auswirken kann. Als ich Mido mit der Hündin nach der OP kuscheln sah, wusste ich, dass er verstanden hatte, worum es geht. Mido ist wirklich ein toller Mensch und so aufopferungsvoll, insbesondere, wenn es um Tiere geht.

Mido besuchte die Hündin nach der OP täglich mehrmals und ging mit ihr dann später auch spazieren, sogar ohne Leine. Es war einfach toll mitzuverfolgen, wie sie von Tag zu Tag mehr Vertrauen fasste und kräftiger wurde. Die Hündin blieb aber zur weiteren Beobachtung bei Sanel in der Praxis, was auch gut war. Denn knapp zwei Wochen später stellte Sanel fest, dass es eine Infektion gab, was auch an den schlechten Blutwerten der Hündin lag, und die zusammengenähte Haut im Gesicht abstarb und faulte. Sanel kontaktierte einen Arztkollegen im Ausland, in Dubai, und fragte diesen um Rat. Es ist ein guter Freund von Sanel, ein gebürtiger Bosnier, und kam dann tatsächlich aus Dubai – zwar vor allem, um seine Familie zu besuchen, doch auch, um Sanel zu helfen. Es war nicht das erste Mal. Schon bei weiteren medizinischen Eingriffen bei Hunden vom Asyl hatte er Sanel zur Seite gestanden. Die beiden nahmen bei der Hündin teilweise eine Gesichtstransplantation vor. Dafür entfernten sie an anderer Stelle

Das Asyl, als es noch in einem schrecklichen Zustand war.

Auch solche Fälle gibt es: Unbekannte hatten Emil die Pfote abgehackt. Zum Glück alarmierten Spaziergänger Mido. Nun führt der Hund auf der Ranch ein sicheres Leben.

Wer braucht schon Gewichte, wenn man einen Hund hat: Mia hilft Bruno beim Training.

Ein Platz am Feuer: Viele Hunde machen es sich bei kalten Temperaturen rund um die Feuerstelle im Asyl gemütlich.

Der Ranch-Alltag beginnt früh, es geht für alle um sieben Uhr los.

Bruno und seine Frau Sara können sich in jeder Situation aufeinander verlassen.

Ricky war ein großartiger, liebevoller Kangal-Rüde. Er wurde für Hundekämpfe missbraucht, hatte sich dabei aber nicht behaupten können.

Bleki wurde von einem Mann schwer mit einem Holzstock misshandelt.

Die Gang on tour: vorne Mia und Shila, hinten Kalea, Aria und Kyra.

Besondere Verbindung: Aria war die letzte Hündin, die Brunos Vater zu sich nahm. Sie lebte bis zu dessen plötzlichem Tod im August 2020 bei ihm.

Mido ist Teil von Brunos Team und packt an, wo er kann.

Rückzugsorte auf dem Asyl-Gelände: Hundehütten aus Holz mit Stroh bieten Schutz und Geborgenheit.

Torvi (l.) ist nach einer starken Frauenfigur aus der Serie »Vikings« benannt. Mila wurde aus dem Müll gerettet, sie ist ein reinrassiger Tornjak.

Mit Mia fing es an: Dass Bruno heute »Godfather of Dogs« ist, hat er ihr zu verdanken.

Pascal hatte schwere Verletzungen, als Bruno ihn aufnahm, und ihm musste der Schwanz amputiert werden.

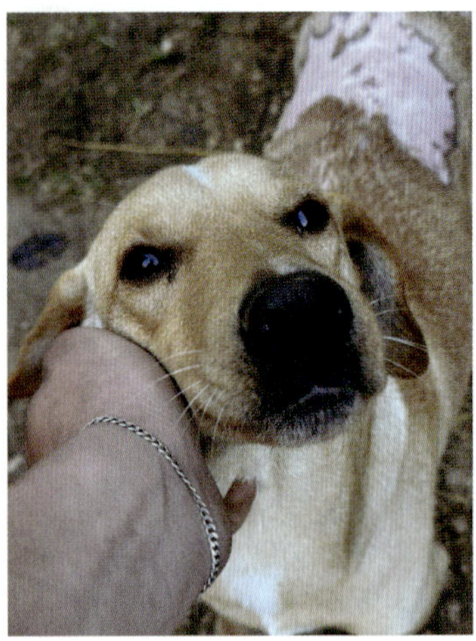

Felicitas wurde auf der Suche nach Futter mit kochendem Wasser übergossen.

Für Bruno war und ist Mia »Bönzu«: süße Bohne.

Anna: Die kleine Jack-Russell-Hündin hat ein Bein verloren – auf sie wurde geschossen.

Kango, ein Kaukasischer Schäferhund, war von einem Schäfer mitten im Winter ausgesetzt worden – er ist der unangefochtene King auf der Ranch.

Brunos Vater Mijo liebte Hunde. Er gab seinem Sohn mit auf den Weg, warum diese Wesen so bezaubernd sind.

vorsichtig Haut und tauschten diese gegen die bereits faulende Gesichtshaut aus. Es war eine sehr komplizierte und aufwendige Operation, die ebenfalls an die vier Stunden dauerte. Doch als wäre nichts gewesen, tapste die Hündin nur wenige Stunden nach der OP schon wieder in der Praxis herum, leckte ihre Pfoten und trank. Ganz so, als ob sie uns mitteilen wollte: »Seht her. Ich bin da! So schnell kriegt ihr mich nicht unter. Ich bin gekommen, um zu bleiben!«

Sanel war der erste Tierarzt, mit dem wir zusammengearbeitet haben. Doch mittlerweile, bei all den geretteten Hunden auf der Ranch und im Asyl, könnte er all die Arbeit gar nicht mehr allein bewältigen. Zudem sitzt Sanel in Bugojno, und die Ranch ist in Jajce. Zwar sind die beiden Orte nur gut eine Stunde Autofahrt voneinander entfernt, doch bei manchen verletzten Hunden zählt wie schon erwähnt jede Minute; da geht es dann wirklich um Leben oder Tod, und wir können uns keine langen Wartezeiten auf den Arzt leisten. Daher arbeiten wir mittlerweile im Raum Bugojno und Jajce mit fünf Tierärzten zusammen, die auch untereinander gut vernetzt sind.

Ganz gleich, ob ein Hund verletzt ist oder nicht – wenn wir einen finden und aufnehmen, geht es für ihn erst einmal automatisch zu einem unserer Tierärzte. Dort wird er komplett durchgecheckt, wird entwurmt, geimpft und gechipt und, wenn er schon alt genug ist, auch kastriert oder sterilisiert. Zudem machen wir wie erwähnt in der Regel bei jedem Hund einen 4D-Bluttest und führen insbesondere bei Welpen einen Parvovirus-Test durch.

Beim Tierarzt wird für jeden Hund ein Pass angefertigt, digital und analog. Das ist mir wichtig. Der Pass demonstriert für mich ein Stück weit die Individualität eines jeden Hundes und soll zeigen, dass er willkommen ist, dass er jetzt ein Zuhause mit unbegrenztem Bleiberecht bei uns hat. In dem Pass steht zudem nicht nur, welche medizinischen Maßnahmen vorgenommen wurden, also zum Beispiel welche Medikamente und Impfungen der Hund bekommen hat, sondern auch seine Chipnummer plus wo, wann, wie und in welchem Zustand wir ihn gefunden haben, wie alt er ist, was er für eine Rasse ist und, wenn wir es wissen, auch etwas zu seiner Vorgeschichte.

Unsere Tierärzte decken die klassischen Routinesachen ab, wie eben Kastrationen, Sterilisationen und auch kleinere OPs. Geht es um Spezialsachen und größere Eingriffe, bringen wir die Hunde in die Tierklinik nach Sarajevo. Die haben dort Spezialisten und sind umfangreicher ausgestattet. Zum Beispiel waren wir da mit unseren beiden knapp zweijährigen Frenchi-Damen Emma und Elena, die auf der Straße gefunden wurden und die wir im Sommer 2024 von dem serbischen Tierschutzverein »Vrbas« übernommen haben. Die beiden hatten einen Rektumprolaps, beim Koten kam da das Innere des Darms mit nach außen. Das ist bei Hunden gar nicht einmal so selten. Auslöser dafür, so sagte uns der Tierarzt in der Klinik, können zum Beispiel Blasensteine, eine Verstopfung, Durchfallerkrankungen und so weiter sein. Jedenfalls mussten Emma und Elena notoperiert werden und blieben dann auch noch zwei Tage zur Beobachtung in der Klinik.

Wenn ein Hund operiert werden muss, dann wird er operiert. Dank dem Support unserer Community können wir wirklich jedem Hund die notwendigen medizinischen Untersuchungen ermöglichen. Dazu muss man aber auch sagen, dass die Preise hier in Bosnien echt gemäßigt sind – kein Vergleich zu den oftmals horrenden Summen, die man beispielsweise in Deutschland, in der Schweiz oder in Österreich zahlen muss. Die Operation der Frenchi-Damen Emma und Elena zum Beispiel hat um die 250 bis 300 Euro gekostet. Diese günstigeren Preise und die Tatsache, dass uns die Tierärzte aufgrund der Masse an Patienten preislich etwas entgegenkommen, sind für uns als »Save the Dogs BIH« natürlich ein Vorteil.

Großartig ist, dass im Frühjahr 2025 endlich unsere eigene Tierarztstation »Sudo« auf dem Ranchgelände fertig wurde. Wir haben nun alles vor Ort, um eine vernünftige erste und schnelle Hilfe leisten zu können. Heißt: Wir haben was zur Wundreinigung da, zur Desinfektion, wir haben Schmerzmittel und Verbandsmaterial. Die Station heißt »Sudo«, weil dies der Spitzname des Mannes von Sanela war. Sanela kam im Oktober 2024 zu uns ins Team, nach dem Tod ihres geliebten Ehemannes. Ich wusste um ihren Wunsch, dass vielleicht eine Box oder eine Hütte den Spitznamen ihres verstorbenen Mannes tragen könnte. Ich habe dann überlegt und fand es passender, wenn es die Tierarztstation ist – etwas Wirkungsvolles, etwas Wichtiges, etwas Besonderes, so wie es Sudo für Sanela war. Und das ist die Tierarztstation, denn von hier aus werden viele Hunde quasi auf den Weg in ein neues Leben geschickt.

In unserer Tierarztstation gibt es übrigens auch eine kleine professionelle »Hundewaschanlage«, in der die Hunde gebadet beziehungsweise geduscht, shampooniert, abgespült und geföhnt werden. Uns ist es wichtig, dass die Hunde gepflegt sind. Da sie auf der Ranch das ganze Jahr über im Freien leben, muss ihr Fell in Ordnung sein und funktionieren, sie also vor Kälte, aber auch vor Wärme schützen.

Wir haben auf der Ranch auch zwei separate Quarantäne-Stationen. Sie befinden sich auf dem Hofareal, also nicht direkt auf dem Ranchgelände, sondern mehr angliedert an das Wohnhaus, in dem Sara und ich leben. Die Stationen sind natürlich kameraüberwacht, und so kann ich direkt von unserem Haus aus sehen, wenn sich etwas in der Quarantäne-Station tut, und schnell da sein. Die Stationen sind beheizt, mit Elektroheizungen. Zudem ist der Boden mit reichlich Stroh und Heu und je nach Jahreszeit auch mit Decken ausgelegt. Wichtig ist, dass die Hunde in der Quarantäne keinen direkten Körperkontakt zu den anderen Hunden haben. Aber sie können die Hunde auf dem Hofareal sehen und riechen. Sie können schon erschnuppern, was draußen los ist, und sich darauf freuen. Das beschleunigt ihren Heilungsprozess, da bin ich mir ziemlich sicher.

WAS EIN SCHEISS – JEDEN TAG!

Na klar, Hunde machen ihre Geschäfte. Und die Hunde auf unserer Ranch machen das auf dem Ranchgelände. Da kommt schon so einiges zusammen – und das lassen wir natürlich nicht einfach so liegen. Wenn einer von uns direkt sieht, wie der Hund einen Haufen macht, räumt er ihn sofort weg. Ansonsten wird das Gelände aber auch jeden Tag mit einer Schubkarre und Schippe abgefahren und oder wir gehen rum und sammeln die Hinterlassenschaften im Eimer ein. Das täglich zu machen, ist absolut wichtig. Nicht nur, weil es ansonsten ein ekliges Chaos wäre – es würde einfach auch total stinken, und Hunde sind absolut geruchsempfindlich. Zudem muss man ja auch sagen, dass sich im Kot beispielsweise Bakterien befinden können.

Zehn Schubkarren an Hundekot kommen täglich im Schnitt auf der Ranch zusammen. Für die Entsorgung gibt es klare Vorschriften, und die erfüllen wir: Wir haben neben der Ranch eine riesige Grube ausgehoben, quasi ein Silo. Der Bereich ist speziell eingezäunt, und dorthinein entsorgen wir den Mist.

UNSER »KINDERGARTEN«

Ein schöner Start ins Leben, geprägt von Liebe, Geborgenheit und vor allem der Nähe der Mutter, ist der Idealfall und so wichtig – ich habe es erst wieder Anfang Dezember 2024 miterleben dürfen, als Sara unseren gemeinsamen Sohn Ragnar geboren hat. Es ist da eine so unbeschreibliche Symbiose zwischen Mutter und Kind, die für beide enorm wertvoll ist. Daher zerreißt es mir immer das Herz, wenn wir ausgesetzte Welpen finden, die ihrer Mutter einfach wenige Tage nach der Geburt weggenommen wurden. Oder wenn wir Hündinnen finden, mit dicken angeschwollenen Zitzen voll mit Milch, die verzweifelt und panisch umherirren, weil sie ihre Babys suchen und sie säugen möchten. Oder wenn wir Hündinnen finden, die sich mit den Pfoten ein paar Stofffetzen zusammengekratzt haben und umgeben von Müll ihre Babys in einer alten Garage zur Welt bringen.

Gott sei Dank bekommen wir immer häufiger Anrufe von Anwohnern, die das Fiepen von Welpen hören, oder von Spaziergängern, die im Wald die Welpen herumtollen sehen. Tatsächlich sind es mittlerweile fast ein bis zwei Anrufe in der Woche, dass es irgendwo Welpen zu retten gibt. Die Menschen wissen, dass wir die Welpen aufnehmen können. Jede Mama mit ihren Welpen hat ein eigenes Haus mit Garten für sich, ein Areal von gut 200 Quadratmetern. Sogar Wärmelampen haben wir größtenteils angebracht, damit es die Kleinen besonders warm haben.

Der ganze »Kindergarten«, wie wir das Gelände für die Welpen nennen, ist dann noch einmal an die 2000 Quadratmeter groß. Mitarbeiter aus meinem Team, allen voran Dario, Armin, Shile und Ivan, haben für die Kleinen eigens Rampen und Spielzeug gebaut. So sind die Welpen beschäftigt, können Dinge wie Ziehen und Klettern ausprobieren, ihren Bewegungsapparat besser kennenlernen und ihre Kräfte spüren. Auch gibt es auf diesem Areal natürlich ebenfalls kleine Hundebungalows, in denen sich die Kleinen verstecken, schlafen oder sich einfach zurückziehen können.

Wir haben mittlerweile an die 40 Welpen in unserem »Kindergarten«. Sie bleiben dort, bis sie etwa 3,5 bis 4 Monate alt sind, dann werden sie auf die Ranch umgesiedelt. Dafür kommen sie zunächst mit ihren Mamas für einige Tage in einen direkt an die Ranch angegliederten separaten Bereich, denn auch sie sind ja Neuankömmlinge. Auch sie sollen erst einmal die Gerüche annehmen. Bei den Mamis schauen wir zudem immer, in welchem Zustand sie sind. Wenn sie fit und gesund sind, kommen sie mit auf die Ranch, wenn sie noch zu schwach sind, nehmen wir sie zu uns auf das Hofareal.

DIE LIZENZ ZUM RETTEN

Als einer der ersten Vereine, wenn nicht sogar als erster Verein in Bosnien haben wir vom Staat übrigens die offizielle Bewilligung bekommen, im ganzen Land Hunde retten zu dürfen und auf der Ranch unterzubringen. Ich weiß noch, wie erleichtert, wie glücklich und stolz ich war, als ich das Schreiben dazu am 31. Oktober 2024 in den Händen hielt. Dieses Stück Papier ist so verdammt wertvoll und ist für mich ein Beleg dafür, dass wir – und vor allem, dass das Leid der Hunde – auch seitens des Staates mehr und mehr ernst genommen werden.

Normalerweise dauert die Bewilligung eines solchen Antrages in Bosnien gut und gerne schon mal ein Jahr. Doch wir haben sie bereits nach wenigen Monaten erhalten. Wir haben den Behörden erklärt, wie wichtig diese Bewilligung für uns ist und warum wir sie so schnell wie möglich benötigen: Mit so einer Anerkennung können wir als Verein »Save the Dogs BIH« ganz offiziell agieren. Wir können ganz offiziell Leute einstellen und als Arbeitgeber fungieren, Material bestellen und, und, und. Mit dieser Anerkennung seitens des Staates haben wir auch gleich ein ganz anderes Standing: Wir werden ganz anders von der Bevölkerung wahrgenommen, die Ranch und die Hunde werden ganz anders wahrgenommen.

An dem Tag, als ich das Schreiben bekam, hatten wir auf der Ranch erneut Besuch von fünf Bundeswehrsoldaten aus dem Haus des Liaison and Observation Team (LOT) in Vlasenica, knapp 140 Kilometer von Jajce entfernt. Auch der Präsident der Kompanie war mit dabei, und er war beeindruckt von dem Schreiben. Denn er wusste, wie schwierig es ist, so eine Anerkennung von den Behörden zu bekommen.

Die deutschen Soldaten waren bereits zum dritten Mal bei uns, um sich unsere Arbeit als Verein und die Ranch näher anzuschauen. Der Kontakt war über einen Soldaten, Fabian, entstanden. Er hatte mich bereits Anfang Mai 2024 per Mail kontaktiert und gefragt, ob wir uns einmal austauschen könnten. Ihm hat die Situation der Hunde in Bosnien leidgetan und auch er beziehungsweise die Bundeswehr wollte wissen, was man da machen, wie man da helfen kann.

Der Präsident der Kompanie war nach den Besuchen jedenfalls so überzeugt und begeistert von dem Ranchkonzept, dass er dieses dem Stadtrat der Stadt Han Pijesak, knapp 20 Kilometer von Vlasenica entfernt, vorgestellt hat. Wir warten jetzt eigentlich nur noch auf eine Zustimmung der dortigen Gemeinde, dass wir auch dort eine Ranch eröffnen können.

MONEY, MONEY, MONEY

Ich weiß, dass viele denken: »Hey, der hat doch fast eine Million Followerinnen und Follower, da kommt doch locker ordentlich was an Spenden zusammen.« Eine große Reichweite bedeutet jedoch nicht gleichzeitig viele Spenden. Daher kann ich gar nicht oft genug betonen: Wir brauchen jede einzelne Spende, um die Hunde zu versorgen!

Nur als Beispiel: Die Hunde auf der Ranch und im Asyl fressen zusammen im Monat an die 17 Tonnen Trockenfutter, und eine Tonne kostet um die 850 Euro. Da kann sich jeder ausrechnen, was wir allein schon für diesen Kostenposten an Spenden benötigen. Hinzu kommen die Kosten für das Stroh und Heu für die Hütten, die medizinische Versorgung und die Pflege der Hunde, die Kosten für die Instandhaltung der Ranch inklusive Strom und Wasser und natürlich auch die Kosten für die weiteren Bauarbeiten zur Vergrößerung der Ranch.

Wir finanzieren uns ausschließlich über Spenden. Eine finanzielle Unterstützung seitens der Stadt, geschweige denn des Staates gibt es nicht – oder, besser gesagt, gibt es noch nicht, denn es tut sich auch in dieser Hinsicht etwas. Im Juli/August 2024 besprachen die Zuständigen der Stadt Jajce eine mögliche finanzielle Unterstützung für die Ranch. Diese Gespräche habe ich vor allem dem Einsatz von Ivan, aber auch natürlich der lokalen Bekanntheit von Darko zu verdanken. Ivan ist ja nicht nur bei der Polizei, er ist auch Dorfpräsident und steht damit im direkten Kontakt zum Stadtpräsidenten, sozusagen dem Bürgermeister. Dieser hat sich gemeinsam mit ein paar anderen Leuten die Ranch auch schon angeschaut, was ich superklasse fand.

Bei den Gesprächen kam dann heraus, dass uns die Stadt Jajce mit fast 20 000 Euro im Jahr unterstützen will und uns auch ein Betäubungsgerät stellt. Das kommt nur in absoluten Notsituationen zum Einsatz, beispielsweise bei extrem ängstlichen Hunden, die wir sonst nicht einsammeln könnten und die sich bei ihrer Flucht sonst auch selbst in Gefahr bringen würden.

Diese Unterstützung seitens der Stadt ist so wichtig, und dass sie uns in die Planungen des städtischen Haushalts einschließt, ist mega. Es macht mich so glücklich. Ich freue mich dabei nicht nur über das Geld, nein, dieser Support bedeutet auch: Wir als »Save the Dogs BIH« werden wahrgenommen, wir werden ernst genommen, die Hunde und ihr Leid werden ernst genommen. Das ist ein riesengroßer Schritt in die richtige Richtung.

Trotzdem: Es ist noch ein langer Weg, und umso mehr freue ich mich über den Support aus der Community, über Leute, die Aktionen starten, deren Erlös zugunsten des Vereins geht. Zum Beispiel hat die Tennisschule Schiltacker in St. Gallen zu einem Tag der offenen Tür geladen, mit Tennistraining und so. Ich war auch selbst vor Ort, um über das Projekt zu berichten. Am Ende des Tages waren für »Save the Dogs BIH« mehr als 2000 Schweizer Franken zusammengekommen. Megatoll und »danke, danke, danke«! Das möchte ich auch der Organisation »Dir z'lieb« aus Zürich sagen, die einen Charity-Lunch zugunsten des Vereins veranstaltet hat, und dem »What'sInk Tattoo«-Studio in Oberhausen, das ebenfalls zu einem tollen Event geladen hat, dessen Erlös dem Verein zugutekam und wodurch wir mit der Sanierung des Asyls beginnen konnten. Ebenfalls erwähnen möchte ich die Swiss Brands Events und den Comedian Hamza Raja, der sich für uns in einer seiner Shows engagiert hat.

Überdies versuche ich selbst natürlich auch, so oft wie möglich über das Projekt zu berichten und so Spenden zu sammeln. Im Rahmen einer extra für uns organisierten Spendengala war ich zum Beispiel Mitte Dezember 2024 im Loft Club Thun in Thun in der Schweiz. Der Kontakt war über Kevin, den Geschäftsführer des Clubs, zustande gekommen. Kevin ist selbst ein Hundefreund und -besitzer, war im September und Oktober 2024 bei uns in Bosnien und hat bei der Arbeit auf der Ranch und dem Retten von Hunden mitgeholfen. Bei dem Event in Thun jedenfalls kamen 3750 Schweizer Franken zusammen.

Mit dem Retten von Hunden kann man nicht reich werden. Doch ums Reichwerden, ums Geld ging und geht es mir natürlich auch nicht. Wäre das mein Ziel im Leben, dann hätte ich weiter als Fitnesscoach beziehungsweise als Mitbesitzer eines Fitnesscenters gearbeitet. Ja, dann hätte ich einen geregelten Tagesablauf gehabt, geregelte Urlaubszeiten, ein geregeltes Gehalt, Sicherheit. Aber: Dann wäre ich nicht so glücklich, wie ich es heute bin. Hunde aus katastrophalen Verhältnissen zu retten mit dem Wissen, dass sie es bald tausendmal besser haben, und die Hunde auf der Ranch zu sehen, wie sie herumtoben, spielen und es ihnen einfach gut geht, diese Zufriedenheit zu spüren, etwas Gutes zu tun, das ist mit keinem Geld der Welt zu bezahlen.

GUTEN ABEND, GUTE NACHT!

So gegen 17, 18 Uhr gehen wir im Winter das letzte Mal zu den Hunden auf die Ranch, im Sommer ist es gegen 20 Uhr. Wir schauen, ob alles ok ist und auch, ob noch genügend Futter in den Trögen ist. Danach sollen die Hunde zur Ruhe kommen. Würden wir beispielsweise noch einmal kurz vor Mitternacht nach dem Rechten schauen, würden wir nur für Stress und Unruhe unter den Tieren sorgen.

Nach einem Tag auf der Ranch, mit viel Action, viel Herumtoben und Spielen, sind die meisten Hunde in der Regel am Abend auch einfach echt müde. Die Hunde legen sich schlafen, wie, wo und wann es ihnen passt. So ist es nachts wirklich total ruhig auf der Ranch. Außer die Hunde hören Geräusche aus dem Wald, dann drehen alle mal kurz durch und ich bin froh, dass die nächsten Nachbarn gut drei Kilometer entfernt wohnen.

Wir sind zwar selbst nachts nicht vor Ort, doch sind aktuell an die 30 Kameras installiert, die das Geschehen auf der Ranch filmen. Die Kameras haben wir hauptsächlich, um die Hunde im Blick zu haben, doch auch, um mögliche Hundehasser abzuschrecken. Der 24-Stunden-Betrieb ist ein Ziel, ist aber auch eine Kostenfrage. Doch natürlich ist es mein Traum, dass wir auf der Ranch vielleicht sogar so eine Art kleines Wohnhaus haben, wo wir aus dem Team dann im Wechsel auch die Nächte verbringen und so immer für die Hunde da sind.

Was soll ich sagen? Früher hatte ich das große Bedürfnis, jeden Hund mit zu uns nach Hause zu nehmen beziehungsweise ihn dort unterzubringen. Jetzt gibt es die Ranch. Und auf der Ranch geht es ihnen gut, vielen Hunden sogar besser, als es in einem Haus der Fall wäre.

Wenn ich früher im Asyl war, hat es mir das Herz gebrochen, die Hunde dortzulassen. Doch jetzt, wo wir das Asyl saniert haben, wo die Ranch weiter und weiter wächst, geht es mir besser. Auf der Ranch spüre ich kein Mitleid mit den Hunden. Sie haben hier ein Zuhause. Sie sind hier nicht irgendetwas Austauschbares. Nein, auf der Ranch werden sie gesehen. Sie müssen nicht mehr hungern, nicht mehr frieren. Sie sind trotz der Zäune frei, bekommen jeden Tag Futter, Streicheleinheiten, Liebe, Aufmerksamkeit. Sie bekommen den Respekt, den sie verdient haben.

MIA UND DIE ANDEREN

Manchmal träume ich von Hunden. Eigentlich sogar ziemlich oft. Manchmal geht es dabei um Hunde, die wir retten konnten. Mich verfolgen die Bilder all der Grausamkeiten, die viele von ihnen erleiden mussten. Ich sehe sie, wie sie einsam angeleint an einer schweren, kurzen Eisenkette in einem dreckigen Hof oder einem winzigen Eisenkäfig sitzen, wie sie verzweifelt herumirren auf der Suche nach Fressbarem, wie sie geschlagen oder getreten werden. Ich wünschte, es wäre anders. Ihr Leben, aber auch meine Träume. Denn nach solchen Träumen wache ich morgens immer total gerädert auf, müde und ausgelaugt, doch auch voller Tatendrang, um ja ganz schnell loszukommen, um weiterzumachen, die Ranch auszubauen, auf Tour zu gehen und Hunde zu retten. Ich merke an solchen Träumen immer wieder, wie wichtig mir die Arbeit ist, aber auch, wie nah sie mir geht. Einfach abschalten, das geht nicht.

Doch ich träume auch von Glücklichem, davon, wie die Hunde auf der Ranch aufblühen, wie ich mit ihnen durch den Wald renne, wie ich im Gras liege und um mich herum nur Hunde, 10, 20, 30, 40 – was sage ich: 100, 200, 300 und noch mehr. Ich sehe in einem solchen Traum nichts anderes außer diesen vielen Fellschnauzen, und manchmal, ja manchmal, kann ich unter all diesen Hunden sogar meine Mia ausmachen, meine langjährige Weggefährtin. Ich vermisse sie, gewaltig, und finde es darum immer wieder schön, sie in meinen Träumen zu sehen und mit ihr zu spielen, zu schmusen, einfach spazieren zu gehen. Ist es nicht erstaunlich, dass die Gefühle in Träumen, dass das Erlebte in Träumen so nah, so echt scheint?

Wenn Mia in meinen Träumen auftaucht und sich wie selbstverständlich unter die anderen Hunde mischt, wird mir echt ganz anders. Es ist ein irres Gefühl des Glücks. In mir ist dann nur noch Liebe. Ganz viel Liebe.

Ich habe mich, als Mia noch lebte, und insbesondere in den Tagen vor ihrem Tod, als es ihr so schlecht ging, oft gefragt, ob ich jemals einen anderen Hund so lieben würde oder könnte wie sie. Heute weiß ich, dass es geht. Anders geht. Ich meine, Mia wird in meinem Herzen immer einen ganz besonderen Platz einnehmen. Einen Platz, der besetzt ist – für immer. Doch es gibt noch so viele andere Stellen in meinem Herzen, die von der Liebe und dem Dasein anderer Hunde ausgefüllt werden und ausgefüllt werden können und sollen. Dieser Platz ist nahezu unendlich. Denn manchmal denke ich sogar: Je mehr Hunde in mein Herz kommen, umso größer und stärker wird es. Die Liebe der Hunde macht mich einfach stark, das spüre ich, wenn ich einen Hund rette und ihn zum Transporter trage, wenn ich auf das Gelände der Ranch gehe, wenn die Hunde alle um mich herum sind, mich begrüßen, manche an mir hochspringen. Ich weiß, das klingt total kitschig, doch ihre Herzen fliegen mir zu, direkt in mein Herz. Es ist ein Rausch an Emotionen, der mich überkommt, der Dopamin freisetzt und mir eine ungemeine Power und so viel Glücksgefühl gibt. Diese Dankbarkeit der Hunde zu spüren, dieses Glück – einfach der absolute Wahnsinn und sozusagen so etwas wie der Motor meiner Mission.

Jeder Hund erobert sich einen Platz in meinem Herzen. Er muss dafür auch gar nichts tun, er ist einfach da, mit seiner ganz eigenen Art, seiner ganz eigenen Geschichte, seinen ganz eigenen Macken und Marotten, seiner ganz eigenen Liebenswürdigkeit. Manche Begegnung mit einem Hund hat mich schwer emotional mitgenommen, manche hat mich aber auch total euphorisiert. Ich möchte an dieser Stelle einige dieser Hunde kurz vorstellen. Auch weil einige von ihnen – trotz all ihrer Einzigartigkeit – exemplarisch für das Schicksal anderer Hunde sind. Wichtig ist mir dabei jedoch, zu sagen, dass die Reihenfolge der genannten Hunde nichts mit ihrem Stellenwert in meinem Leben zu tun hat. Es gibt bei mir kein Ranking. Jeder einzelne Hund ist besonders und hat seine eigene, individuelle Geschichte. Und: Jeden Hund habe ich ganz fest in mein Herz geschlossen und werde ihn nie vergessen.

HOPE

Es war im August 2024, ich denke, so gegen 19 Uhr. Shile und Mido waren gerade mit dem Auto auf dem Rückweg von der Ranch zu sich nach Hause, also auf dem Weg nach Bugojno, als sie am Straßenrand einen mittelgroßen Hund kauern sahen. Völlig abgemagert, kaum noch Fell am Körper, überall Wunden. Es war eine Hündin, und sie saß einfach nur da, zeigte kaum eine Regung. Wir denken, dass sie dort aus dem Auto einfach rausgeworfen wurde. Die Leute wollten, dass sie stirbt.

Dazu möchte ich sagen: Ich wundere mich nicht mehr über Menschen. Sie können einem Tier so viele Grausamkeiten antun, es über Monate, manchmal sogar Jahre grausam quälen, aber dieses Tier schließlich von seiner Qual und seinen unendlichen Schmerzen zu erlösen, dafür fehlt vielen Menschen ganz offensichtlich der Mut. Das überlassen sie dann lieber wieder Gott, der ja ihrer Ansicht nach der Einzige ist, der über Leben und Tod entscheiden darf – niemand sonst. Dass dieser Gott es aber gewiss nicht gutgeheißen hat, was sie mit dem Tier taten, darum scheren sie sich einen Dreck. Das ist doch total krank, dieses Denken und Verhalten, und auch völlig paradox!

Ich gab der Hündin den Namen »Hope«, denn ich hoffte, dass sie nicht aufgeben würde, so wie ich sie nicht aufgeben wollte. Sie war in einem katastrophalen Zustand. Überall, an ihrem ganzen Körper, hatte sie feine kleine Schnitte. Menschen mussten ihr diese mit einem scharfen Messer zugefügt haben, eine andere Erklärung konnte es für derartige Wunden nicht geben. Die Menschen hatten sie gequält, fast schon gefoltert, einfach, um zu sehen, wie viel sie aushielt und wie lange sie es aushielt. Die blutigen Wunden an ihrem Hals deuteten darauf hin, dass sie ihr Leben lang ein erbärmliches Dasein an der Kette geführt hatte.

Wir haben Hope sofort zu Sanel gefahren. Er war auch total schockiert, schätzte sie auf um die zwölf Jahre. Er reinigte und desinfizierte erst mal alle ihre vielen kleinen Schnitte und Wunden. Dann legte er ihr eine Infusion mit Mitteln gegen die Schmerzen, aber auch zur Unterstützung ihres Kreislaufs. Als sie bei ihm auf dem Behandlungstisch lag, streichelte ich Hope immer wieder sanft und redete ihr gut zu. Ich sagte ihr, dass sie jetzt ganz stark sein müsse, dass sie kämpfen und überleben müsse, weil da noch ein schönes Leben an einem guten Ort auf sie warte. Ein Leben, in dem sie geliebt werden und wo sie es gut haben würde. Hope war schwach und müde. In ihren Augen konnte ich noch die Angst sehen, sie hatte so viel Schlechtes erlebt. Doch da war auch Dankbarkeit, zudem Verwunderung über so viel bis dahin noch nie gespürte Liebe.

Sanel meinte, ihr Zustand sei extrem kritisch. Es käme auf die erste Nacht an, ob sie überhaupt überleben würde. Ich betete dafür, denn ich wollte ihr zeigen, wie schön ein Hundeleben sein kann. Als Sanel dann am nächsten Morgen anrief und meinte, es sehe besser aus, er wolle sie aber zur Sicherheit noch für einen weiteren Tag bei sich haben, war ich total erleichtert. Hope hatte das Leben nicht aufgegeben.

Zwei Tage lang blieb sie zur Überwachung in der Praxis. Dann konnten wir sie endlich zu uns holen. Wir brachten sie zu ihrem eigenen gesundheitlichen Schutz erst einmal in Quarantäne unter. Sie war schwach, aber sie lebte – Hope. Und dann, als ich gerade zu Hause am Trainieren war, sah ich durch das Fenster, dass sich in der Station etwas tat: Sie stand, sie lief herum! Ich legte die Gewichte ab und rannte sofort los, ich war megafroh, in mir tobte ein Vulkan der Glücksgefühle. Als ich zu ihr kam, hob sie sogar den Kopf, wedelte leicht mit der Rute, kam einen, kam zwei, drei Schritte auf mich zu. Ich sah wieder ihre Verwunderung, als sie zaghaft herumschnupperte. Als ob sie es nicht glauben konnte, dass es da einen eigenen Schlafplatz mit einer kuschligen Decke für sie gab, dazu sauberes Wasser zu trinken und einen Napf mit gut riechendem, frischem Futter. Ich merkte, dass sie ankam, und ich war in diesem Moment mega davon überzeugt: »Das packt sie! Das packen wir!«

Doch ihr vorheriges Leben war zu lang und zu hart gewesen. Zwölf Jahre voll mit Schmerzen und Demütigung. Ich weiß nicht, was sie alles an Leid durch Menschen erlebt hat, doch all dies ließ sich nicht einfach mit ein paar Tagen Liebe und Zuneigung von anderen Menschen wiedergutmachen. Aber ich bin froh, dass Hope noch diese Liebe in ihrem Leben spüren durfte – auch wenn sie viel zu spät kam. Drei Tage, nachdem Hope zu uns gekommen war, lag sie morgens tot auf ihrer Decke. Ich war fertig, ich habe geweint. Ich war so traurig, aber auch so wütend auf die Menschen, die ihr das Leid angetan hatten. Ich hüllte Hope dann in ihre Decke ein und ging mit ihr, begleitet von Askia, von Kango, Zara, Hektor und vielen anderen Hunden der Ranch, es waren bestimmt um die 40, auf den Hügel. Dort setzte ich mich hin, um mich in Ruhe von Hope zu verabschieden. Ich sagte ihr, dass wir uns eines Tages wiedersehen würden. Dass sie bis dahin gesund werden und bitte meine Mia grüßen solle.

Hope ist jetzt im Himmel. Ich bin davon überzeugt, dass es einen gibt – für Menschen und auch für Hunde, für uns alle gemeinsam. Ich weiß, dass Hope dort die Liebe spürt, die ihr hier auf Erden nur kurz zuteilwurde.

Wir haben Hope auf dem Hügel beerdigt, wo wir beispielsweise auch Donna, Asia oder Joya begraben haben. Es ist ein separates Areal, ein kleiner Friedhof mit einem Denkmal, wo die verstorbenen Hunde ihre letzte Ruhe finden können.

ARIA

Draußen waren es Temperaturen um den Gefrierpunkt. Es war im Dezember 2019, in Guča Gora, bei meinem Elternhaus. Mein Vater war zu Hause. Er konnte zwar schlecht sehen, doch er hörte noch gut. Als er meinte, etwas hinter dem Haus bemerkt zu haben, ging er hinaus und sah sie dort liegen: eine Hündin mit drei Welpen. Sie war völlig abgemagert, wirklich nur noch Haut und Knochen. Als Presa Canario – so ihre Hunderasse – hätte sie locker um die 40 Kilo wiegen müssen, doch sie kam bestimmt nur auf knapp 20. Ihre Jungen waren vielleicht um die drei Monate alt.

Mein Vater rief mich sofort an und erzählte mir davon. Wir vermuteten beide, dass die Hündin von irgendjemandem einfach vor unserer Tür rausgeworfen worden war. Denn es hatte sich da schon herumgesprochen, dass wir »Save the Dogs BIH« gegründet hatten, um Hunden zu helfen.

Mein Vater gab der Hündin den Namen Aria und nahm sie und ihre Welpen mit zu sich ins Haus. Über Monate päppelte er Aria liebevoll mit reichlich frischem Fleisch wieder auf, auch wurde sie regelmäßig tierärztlich versorgt. Er hatte wirklich alles gegeben. Sie durfte sogar bei ihm im Bett schlafen.

Die drei Welpen hatten wir schnell vermitteln können – zwei in die Schweiz, einen Welpen nach Bosnien. Ich habe noch Kontakt zu der Familie, die einen Welpen, »Aragorn«, wie aus dem Film »Herr der Ringe«, zu sich genommen hat. Es geht ihm gut.

Aria selbst lebte bis zum Tod meines Vaters im August 2020 bei ihm. Danach kam sie auf die Ranch. Doch immer, wenn ich dort war, wich sie nicht von meiner Seite. Immer schaute sie mich an, und ihre Augen schienen zu fragen: »Nimmst du mich heute mit? Bitte, ich will bei dir sein.« Sie hat es mir wirklich absolut unmöglich gemacht, sie nicht zu adoptieren. Im Sommer 2022 habe ich sie dann zu uns ins Haus geholt. Mein Gott, ich weiß noch, wie sie vor Freude außer sich war, wie ihre Augen leuchteten, sie über ihre ganze Schnauze grinste, als ob sie sagen wollte: »Na endlich!«

Wenn ich Aria heute ansehe, dann denke ich automatisch an meinen Vater. An sein großes gütiges Herz und seine große Liebe zu mir. Ich vermisse ihn. Er fehlt.

MERCEDES UND JOYA

Ich glaube, es war irgendwann im Mai 2020. »Save the Dogs BIH« gab es da gerade knapp zwei Jahre. Ich saß morgens am Schreibtisch, schaute mir auf dem Computer die Kontoauszüge an, als ich auf einmal eine außergewöhnlich hohe Spende sah. Ich dachte, da hätte sich wohl jemand vertippt. Die Zahl hatte doch mindestens eine Null, wenn nicht gar zwei Nullen zu viel. Ich schaute auf den Namen der Spenderin – Mila. Ich fand heraus, dass sie eine Geschäftsinhaberin aus der Region Nordschweiz ist. Ich griff zum Telefonhörer, denn natürlich wollte ich wissen, was es mit dieser Spende auf sich hatte. Ob das ein Versehen war oder nicht. Als ich eine der Geschäftsnummern anrief, war da aber leider nur der Anrufbeantworter, und ich sprach drauf.

Am nächsten Tag rief mich eine junge Frau namens Amra zurück. Sie erzählte mir, dass sie die Nachbarin von Mila sei und für sie so etwas wie ihre Enkeltochter. Mila selbst sei schon um die 80 und liege im Krankenhaus. Aber ja, das mit der Spende sei korrekt, meinte Amra, auch in der Höhe. Mila sei eine sehr große Hundefreundin.

Ich überlegte dann kurz, wie lange ich von Buchs unterwegs sein würde, um Mila besuchen zu können. Das waren nur knapp 30 Minuten. Ich sagte Amra, dass ich Mila gerne sehen würde, und stieg dann einfach sofort ins Auto und fuhr los. Als ich Mila im Krankenhaus besuchte, war sie körperlich bereits extrem schwach. Sie hat mich erkannt, doch wir konnten nur ganz kurz miteinander sprechen. Ihr fehlte einfach die Kraft und sie war sehr müde. Aber ich habe mich noch persönlich bei ihr bedanken können. Wenige Tage später ist sie gestorben.

Mila hinterließ zwei Yorkshire-Terrier-Hündinnen, Schwestern, Mercedes und Joya, die waren zu diesem Zeitpunkt sechs und neun Jahre alt. Amra hatte sie nach Milas Tod zu sich genommen. Wir hatten immer mal wieder Kontakt, und im Frühjahr 2024 erfuhr ich, dass Mercedes und Joya aus dringenden familiären Gründen ein neues Zuhause suchten. Für mich war dies die Chance, Mila, dieser unglaublich großzügigen und tierliebenden Frau, etwas zurückzugeben. Denn es geht nicht nur ums Nehmen. Wenn man die Möglichkeit zum Geben hat, sollte man sie nutzen. Einmal hilft dir jemand, einmal kannst du jemandem helfen, so sehe ich das. Wir haben Mercedes und Joya daher zu uns nach Hause geholt.

Ich bin Mila für ihre Liebe zu den Hunden und den Glauben an das, was ich tue, noch heute unendlich dankbar. Auf meinen Unterarm habe ich mir sogar ein Herz mit ihrem Namen tätowieren lassen, das mich jeden Tag an sie erinnert.

SHILA

Was für mich Mia war, war für meine geliebte Frau Sara ihre Shila, eine kleine bezaubernde cremefarbene Französische Bulldogge, die ihr nicht von der Seite wich. Die da war, wo sie war. Mit der sie morgens aufwachte und abends im Bett kuschelte. Die sie bereits mit acht Wochen bekommen hatte, die sie noch mit der Flasche füttern und aufziehen musste, da die Kleine sonst nicht überlebt hätte. Ich habe die beiden als vertraute Einheit kennengelernt und spürte sofort die Herzenswärme, die von Sara auf Shila ging, aber die auch Shila für Sara empfand. Shila war für Sara und Sara für Shila alles.

Diese große Liebe, diese besondere Verbindung verstehen und vielleicht auch nachvollziehen zu können, ist wichtig, um die gewaltige Grausamkeit einordnen zu können, die wir am 1. August 2024 erleben mussten. Sara und ich saßen in einem Restaurant im Ort Jajce, da wir zu diesem Zeitpunkt zu Hause noch kein Internet hatten. Wir beantworteten gerade Nachrichten und luden Videos hoch, als ich einen Anruf bekam. Es war ein Kollege des Tierarztes, der während unserer Abwesenheit drei Hunde von der Ranch abholen und zur Behandlung mitnehmen wollte. Dieser Kollege meinte, es sei etwas passiert, ein Hund sei verletzt worden, er könne mir aber noch nichts Genaueres sagen. Klar wollte ich sofort wissen, was passiert sei und um welchen Hund es ging. Ich war echt außer mir, dass der Typ so seltsam rumstammelte. Doch der Typ meinte immer wieder, er wisse nichts Konkretes. Der Hund würde jetzt in die Praxis nach Vitez gebracht, fast zwei Stunden Autofahrt von der Ranch entfernt. Der Zustand sei wohl kritisch, sagte er, aber sie würden alles nur Erdenkliche für ihn tun.

Ich rief dann bei der Ranch an und erfuhr, dass es sich bei dem Hund um Shila handelte. Der Arzt habe sie aber sofort ins Auto gepackt und sei weggefahren. Daher wussten auch die von der Ranch nichts Genaues. Sara und ich fuhren sofort los. Die knapp zweistündige Fahrt war voll der Horror: Sara weinte die ganze Zeit nur, fragte mich immer wieder, was denn passiert sein könne. Sie war total verzweifelt und ich, ich konnte ihr keine

Antwort geben. Ich war außer mir. Sara war da schon im fünften Monat schwanger, ich machte mir Sorgen – um sie und das Kind in ihrem Bauch. Zudem war ich wütend auf diesen Tierarzt. Ich meine, der Typ ist Tierarzt, da hätte er doch wissen müssen, was mit dem Hund, was mit Shila ist.

Als wir bei der Praxis ankamen, sahen wir gleich den Wagen des Tierarztes, aber von ihm selbst keine Spur. Der hatte sein Auto echt einfach nur abgestellt, nicht mal mehr abgeschlossen. Er hatte einfach ganz schnell das Weite gesucht. Warum? Das sahen wir dann, als wir zum Auto gingen. Shila, unser Mädchen, lag auf der Rückbank – tot. Sara begann zu schreien, sie bekam einen hysterischen Anfall, und ich bin total ausgeflippt. Ich war so unfassbar wütend auf diesen Typen.

Auch wenn ich ihn wegen alldem gern zur Rede gestellt hätte, bin ich im Nachhinein fast froh, dass er nicht da war. Denn es wäre keine gute Begegnung gewesen. Ich weiß nicht, was ich mit ihm gemacht hätte. Ich spürte mich selbst nicht mehr. Ich zerschlug die Fenster des Autos, die Rücklichter, die Vorderlichter – ich war total in Rage und konnte mich nicht beruhigen. Ich habe mich vor lauter Wut verloren. Denn ich sah Sara, sie war komplett zerstört, verstört. So aufgelöst hatte ich sie noch nie zuvor erlebt und ich dachte nur: »Dieser Stress ist gar nicht gut für sie, hoffentlich verliert sie nicht das Kind.«

Wir haben Shila dann mit nach Hause genommen. Erst dort haben wir dann das schier Unbegreifliche in seinem ganzen Ausmaß gesehen: Unsere Kameras hatten aufgezeichnet, wie der Tierarzt viel zu schnell und damit völlig rücksichtslos auf den Vorplatz bei unserer Ranch fuhr. Keine Sekunde schaute er, ob da nicht irgendwo ein Hund herumlief. Mit vollem Tempo, ohne abzubremsen, hat er unsere Shila überfahren. Sie war sofort tot.

Im Nachhinein können wir Gott nur »danke« sagen, so seltsam das klingt, dass es lediglich ein Opfer gab. Denn zu diesem Zeitpunkt lebten auf dem Areal insgesamt 47 Hunde. Es hätten also noch viel mehr Hunde tot sein können, so rücksichtslos, wie der Mann da auf das Gelände gefahren ist.

Für Shila gab es nie, aber auch wirklich nie auch nur die leiseste Hoffnung. Und genau das macht es im Nachhinein noch so viel schlimmer: Der

Kollege des Arztes hatte von Anfang an gelogen. Alles war eine Lüge gewesen. Sie wussten, dass Shila schon tot war, doch haben es nicht gesagt. Ich meine, Unfälle können passieren, doch dann muss man dazu stehen. Man muss sich erklären und vor allem: Man muss sich entschuldigen. Doch all das hat der Arzt nicht gemacht. Selbst als ich ihn später zur Rede stellte und damit konfrontierte, gab es bei ihm keine Einsicht. Es kam auch nie eine echte Entschuldigung von ihm. Er hat zwar das Wort »Entschuldigung« gesagt, doch man hat gemerkt, er meint es nicht so. Er interessierte sich nur für sich. Mit keinem Wort hat er sich nach Sara erkundigt, die wie erwähnt da schon schwanger war. Mit keinem Wort hat er gesagt, dass es ihm leidtut. Diese Bedeutungslosigkeit, sowohl was Shila, aber vor allem, was Sara angeht – ich könnte immer noch vor Wut platzen, wenn ich nur daran denke.

Shila liegt ebenfalls auf unserem Grabhügel. Wir haben für sie extra einen kleinen Grabstein anfertigen lassen. Sie bleibt unvergessen. Auch Sara hat ein Tattoo, ein Porträt von Shila und Mia, auf ihrer Hand. Die beiden sind dort vereint, wie sie es lange im Leben waren und jetzt wieder zusammen im Himmel sind.

BLEKI

Ich sah Bleki zum ersten Mal im Juni 2024 in einem Video. Es war ein schlimmes Video. Eine Frau so um die 60 hatte ihren Mut zusammengenommen und heimlich von ihrem Fenster aus ihren gewalttätigen Nachbarn dabei gefilmt, wie er mit einer großen Holzstange einen wehrlosen Hund übelst, aber wirklich übelst verprügelte. Die Frau kannte den schwarzen mittelgroßen Hund, er kam des Öfteren auf den Hof, manchmal hatte sie ihm etwas zu fressen gegeben und manchmal beobachtete sie auch, wie er sich in einer Ecke einfach zum Schlafen hinlegte.

Dem Nachbarn aber war dieser Hund, Bleki, der echt keinem etwas tat, ein Dorn im Auge – warum auch immer. Der Mann hatte, so erzählte die ältere Dame später, immer seinen eigenen Hund auf Bleki gehetzt, und an dem Tag, als die Dame das Video aufnahm, hatte er mit der bestimmt zwei Zentimeter dicken Holzstange so gezielt und so hart ausgeholt, dass es ganz klar war, dass er Bleki töten wollte. Ich glaube, Bleki wusste gar nicht, wie ihm geschah. Alles ging so schnell, dass er es nicht einmal mehr schaffte, wegzulaufen. Er jaulte und winselte vor Schmerzen, und als ich Bleki in diesem knapp 15 Sekunden langen Video dann schließlich am Boden liegen sah, dachte ich wirklich, er sei tot. Diese Schläge, diese harten Schläge – aus meiner Sicht hätte er das nicht überleben können.

Die Frau, die das gefilmt hatte, stand auch völlig unter Schock. Sie hatte Angst vor ihrem Nachbarn. Sie hatte ja gesehen, zu was der Mann in der Lage war, und befürchtete, sein nächstes Opfer zu werden, wenn sie einschritt. Sie hatte das Video aber wohl gleich an einen Bekannten geschickt, so vermute ich zumindest, denn nur wenig später ging das Video auf Social Media viral. Es war verrückt, und ich bin meiner Community total dankbar, dass sie es mir gleich zuspielten und wir dank der vielen Hinweise innerhalb einer Stunde wussten, wo sich die schreckliche Szene abgespielt hatte. Der Hof befand sich in einem Dorf in der Nähe von Livno – von unserer Ranch aus gut drei Stunden Autofahrt entfernt. Sofort postete ich, dass ich am kommenden Tag losfahren und nach Bleki schauen würde.

Ich nahm Mido und Darko mit. Darko hatte auch vorher noch bei der Polizei von Livno angerufen, dass sie uns doch bitte helfen mögen. Denn ganz ehrlich: Der Typ auf dem Video hatte unmissverständlich gezeigt, wozu er fähig ist. Für die Polizei war es selbstverständlich, uns zur Seite zu stehen, was ich megaklasse fand. Mit ihrer Präsenz machte die Polizei klar, dass sie die Angelegenheit ernst nahm. Dass sie den Hund ernst nahm und das ihm zugefügte Leid. Dass die Polizei dabei war, war ein wichtiges und richtiges Statement in Richtung strikte Ablehnung von Tiermisshandlung.

Wir fanden Bleki bei der Frau auf dem Hof. Sie hatte ihn zu sich geholt und – womit ich absolut nicht gerechnet hatte – es ging ihm super. Er hatte erstaunlicherweise keine körperlichen Wunden. Er lief herum, als sei nichts passiert. Ich habe später unseren Tierarzt gefragt, wie das sein könne. Ich meine, dieser Nachbar hatte komplett ausgeholt und mit voller Wucht sechs, sieben Mal so hart auf Bleki eingeschlagen, dass seine Tötungsabsicht ganz offensichtlich war. Wie hatte Bleki das überleben können?! Ich war total baff. Unser Tierarzt Tomica erklärte mir, dass man es beispielsweise mit einem Wasserschutz auf Autolack vergleichen könne. So ein Schutz sorgt dafür, dass Regen dem Lack nichts anhaben kann. Ganz ähnlich hatte Bleki in dieser für ihn extremen Stresssituation wohl krasse Widerstandskräfte entwickelt, sodass es einen quasi magischen Schutzschild gab, an dem die Schläge einfach abgeprallt waren. Wahnsinn!

Einer der jungen Polizisten erzählte mir, dass er selbst drei Hunde habe. Ich spürte, von seinem ganzen Auftreten her, dass es für ihn eine Herzensangelegenheit war, dabei zu sein. Es war für ihn fast schon eine Ehre und die Möglichkeit, ein klares Zeichen zu setzen. Ich glaube, auch Bleki merkte das. Denn hatte er beispielsweise Mido und mich zunächst angeknurrt, als wir uns ihm näherten, ließ er sich doch von diesem jungen Polizisten streicheln. Es war megaschön mitanzusehen, wie er Vertrauen zu dem jungen Mann aufbaute. Bleki hatte gespürt: Das ist ein Guter!

Wir nahmen Bleki dann mit zu uns. Der Mann, der Bleki so misshandelt hatte, kam ungeschoren davon. Zwar ist Tierquälerei in Bosnien strafbar, doch kommt es selten zu einem wirklichen Prozess. Dies liegt vor allem auch daran, dass insbesondere in kleinen Gemeinden jeder den anderen kennt und jeder gewisse Kontakte hat. So verlaufen viele Anzeigen tatsächlich im Sande oder werden aufgrund des Fehlens eines öffentlichen Interesses einfach unter den Tisch gekehrt. Es geht ja nur um Hunde … vielen Menschen schlicht zu unwichtig.

Wer Bleki heute auf der Ranch erlebt, glaubt nicht, was er für Prügel einstecken musste. Es geht ihm gut, richtig gut. Wir schätzen ihn auf maximal vier Jahre, und er ist körperlich topfit. Allerdings haben sich bei ihm die schlechten Erfahrungen mit Menschen wohl doch tiefer im Gedächtnis festgesetzt. So ist er leider ein kleiner Beißer. Er ist ein wenig aggressiv und hat eine leichte Abneigung – nicht gegenüber anderen Hunden, aber gegenüber Menschen. Aber es gibt Hoffnung: Shile, einer unserer festen Mitarbeiter auf der Ranch, ein junger Mann um die 21 Jahre, hat Zugang zu Bleki gefunden. Die beiden können sogar zusammen schmusen, und es ist so toll zu sehen, dass es einen Menschen gibt, bei dem Bleki sich fallen lassen kann und zu dem er vollstes Vertrauen hat.

TIPP: WIE KANN ICH MEINEM HUND DIE ANGST VOR MENSCHEN NEHMEN?

Ein Patentrezept gibt es da leider nicht. Dafür ist jeder Hund verschieden und bringt eine andere Vorgeschichte mit. Man kann auch nicht sagen: Weil Hund A jetzt nur drei Jahre schlechte Erfahrungen mit Menschen gemacht hat, wird er doch wohl doppelt so schnell seine Ängste abbauen wie Hund B, der sechs Jahre schlechte Erfahrungen mit Menschen gemacht hat. So eine Rechnung geht nicht auf. Es gibt auch keine Garantie dafür, dass ein verängstigter Hund überhaupt jemals seine Scheu oder seine Abneigung gegenüber Menschen ablegt.

Viel Zeit, viel Liebe, viel Geduld und viel Aufmerksamkeit, ohne aufdringlich zu sein – ich denke, das ist das Wichtigste. Wenn man all das nicht aufbringen kann, kann man es gleich vergessen. Anders gesagt: Wer ein gutes Herz hat, aber keine Geduld, sollte keinen vorbelasteten Streuner aufnehmen. Auch sollte man immer daran denken, dass Hunde kein Zeitgefühl haben, wie wir es haben. Sie sind mehr auf das Hier und Jetzt fokussiert. Daher sollte man als Mensch auch nicht meinen: »Hey, jetzt ist doch schon ein halbes Jahr vergangen, jetzt müsste es doch langsam besser werden!« Überhaupt sollte es keine zu hohe Erwartungshaltung geben. Die setzt den Menschen, aber auch den Hund nur viel zu sehr unter Druck. Ein Hund muss nicht mit Menschen auskommen, er muss gar nichts.

Ich habe die Erfahrung gemacht, dass Hunde, die viel Schlimmes mit Menschen erlebt haben, von sich aus auftauen, wenn sie spüren, dass sie langfristig in Sicherheit sind, geliebt werden und sich entfalten dürfen.

Übrigens: Natürlich würde ich gerne sagen: »Bei mir ist es halt ›Magie‹!« Doch auch die funktioniert leider, leider nicht immer. Auch mich findet nicht jeder Hund toll.

BONNIE

Sicher habe ich schon erwähnt, dass mein Vater ein absoluter Hundenarr war. Sorry, ich kann es einfach gar nicht oft genug wiederholen. Ich erinnere mich so gerne an ihn und weiß, wie glücklich er war, wenn er einen Hund um sich hatte. Mein Vater lief regelmäßig zu Fuß kilometerlange Touren ab, verstreute an diversen Spots Futter für die Hunde und verbrachte dort viel Zeit mit ihnen. Dies tat er bereits liebevoll vor dem Projekt und bis zu dem Tag, an dem er verstarb. Er hat mir viel mit auf den Weg gegeben, was den Umgang mit Tieren betrifft.

Bonnie fand er im November 2018 auf der Straße. Sie war da noch ein Welpe, maximal fünf bis sechs Monate alt, sie war allein und zum Glück gesund. Von der Rasse her war sie ein klassischer Tornjak-Mix. Mein Vater nahm sie dann zu sich, er hatte da schon in Guča Gora unsere erste kleine Quasi-Ranch aufgebaut, auf der zu diesem Zeitpunkt bereits immer zwischen 10 bis 20 Hunde lebten.

Bonnie war ein typischer Welpe. Sie war verspielt, freundlich, frech, forsch, wild, neugierig – sie war bereit dafür, die Welt zu entdecken. Doch keine zehn Tage, nachdem mein Vater sie gefunden hatte, lag sie tot im Garten. Sie hatte Schaum vor dem Mund, und wir fanden in ihrer Nähe ein paar Stücke Fleisch, die nicht von uns stammten. Somit war klar: Irgendjemand hatte vergiftetes Fleisch über den Zaun geworfen. Warum? Die Antwort ist klar, und ich kann es gar nicht oft genug sagen: weil viele Menschen kein Gefühl für Hunde haben. Sie sehen nicht, was für ein guter, zuverlässiger Begleiter und Seelentröster ein Hund sein kann. Ein treuer Gefährte, der kaum etwas anderes möchte, als nur dem Menschen zu gefallen. Das verstehen solche Menschen einfach nicht. Und ich verstehe solche Menschen nicht.

Bonnie starb am 15. Februar 2019. Ich habe mir dieses Datum auf meiner linken Kopfseite tätowieren lassen. Nicht nur, dass es mich an Bonnie erinnert, es erinnert mich auch jeden Tag an die Abscheu der Menschen Hunden gegenüber und wozu sie fähig sind.

KANGO

Er lief einfach die große Straße entlang, ein Riese von Hund, eine absolute Erscheinung. Ich weiß noch, dass es der 1. Mai 2024 war. Ich war gerade mit dem Auto unterwegs, wollte nach ausgesetzten oder herumstreunenden Hunden schauen, als ich ihn entdeckte. Langsam, Schritt für Schritt, trottete er vor sich hin. Einige dicke Fellbüschel hingen an seinem Körper herab, er war in einem megaschlechten Zustand. Er wirkte müde, matt, das konnte man sehen. Die Autos fuhren achtlos an ihm vorbei, auch er würdigte sie keines Blickes. Er lief einfach, immer weiter. Ich stellte das Auto ab und ging langsam hinter ihm her, versuchte, Kontakt zu ihm aufzunehmen. Ich sagte: »Hallo, mein Großer, komm doch mal her! Schau mal, ich habe Fressen für dich!« Doch dieser Hund hatte absolut keinen Bock auf mich, generell nicht auf Menschen. Zwar blieb er manchmal stehen, schaute mich an, doch sobald ich einen bestimmten Abstand zwischen uns unterschritten hatte, lief er wieder los. Ich ging zurück zum Auto und fuhr nun hinter ihm her, holte ihn ein, stieg erneut aus und versuchte noch einmal, ihn mit Fressen zu locken und sein Vertrauen zu gewinnen. So ging es Stunden. Irgendwann merkte er dann wohl, dass ich es doch gut mit ihm meinte. Als er sich auf einer Wiese ablegte, um sich auszuruhen, konnte ich mich ihm nähern, ihn streicheln. Es war das erste Mal in meinem Leben, dass ich überhaupt einen Kaukasischen Schäferhund, eine der größten Hunderassen überhaupt, live gesehen und gestreichelt habe.

Weil er so besonders war und ist, wollte ich ihn nicht gleich mitnehmen. Ich dachte, dass er jemandem gehören müsse; so einen Hund hatte ich noch nie ausgesetzt gesehen. Da ich diese Strecke meist zweimal am Tag abfahre, nahm ich mir vor, gleich am nächsten Tag gezielt nach ihm Ausschau zu halten. Wenn er dann noch da wäre, dann würde ich ihn mit zu uns nehmen.

Am nächsten Tag suchte ich nach ihm, fuhr überall in der Gegend herum und sah ihn dann schließlich gegen 18.30 Uhr in einer Wiese liegen. Er war offensichtlich noch matter als am Vortag. Trotzdem stand er erst einmal wieder auf und trottete weg, als ich mich ihm näherte. Ich warf dann Futter in seine Richtung und konnte mich ihm so langsam nähern. Dann legte ich mich zu ihm auf den Boden, erzählte ihm von der Ranch, von all den anderen Hunden, bis ein Typ auftauchte und echt nur ganz trocken meinte: »Legt euch nicht dahin, da sind überall Schlangen!«

Ich hatte Mido angerufen, damit er mit dem Transporter vorbeikam. In der Zwischenzeit hatte sich auch ein Vater mit seinem Sohn zu mir gesellt, von den Schlangen erzählt und von Kango. Er hatte ihn schon mal gesehen und meinte, dass er gewiss schon ein halbes Jahr hier herumirre, wohl auch mal ein Huhn gefressen habe, weil er Hunger hatte. Der Mann und sein Sohn halfen Mido und mir dann dabei, Kango ins Auto zu tragen. Alleine hätten wir diesen Riesen von Hund gar nicht heben können. Ich weiß nicht, was er da gewogen hat, aber ich würde schon so um die 60 Kilo schätzen. Wir fuhren mit dem Großen dann sofort zu Sanel, unserem Tierarzt.

Kango hatte überall an seinem Körper kahle Stellen. Es waren deutlich Kratzspuren zu erkennen, die er sich aufgrund des enormen Juckreizes selbst zugefügt hatte. Der Grund dafür waren Parasiten. Auch war er deutlich unterernährt. Wir fanden später heraus, dass er einem Hirten gehört hatte und dass dieser, um Kango auszusetzen, extra zwei Stunden lang mit dem Auto gefahren war, damit dieser bloß nicht sofort wieder nach Hause fand. Das war mitten im Winter gewesen. Kango war wirklich nahezu ein halbes Jahr herumgeirrt.

Bei Sanel gab es dann für ihn das komplette Pflege- und Aufbauprogramm. Kango wurde gewaschen, er bekam die Krallen geschnitten, seine Ohren wurden geputzt, er wurde geimpft und kastriert. Er war dabei unter Narkose, damit er so wenig Stress wie möglich hatte. Er wachte dann als ein neuer Hund auf – bereit für sein neues Leben auf der Ranch.

Kango macht keinen Stress und sucht keinen Stress. Er ist einfach unangefochten der König – King Kango. Wir schätzen ihn auf neun bis zehn Jahre, also durchaus schon älter, was vielleicht auch der Grund war, warum der Hirte ihn nicht mehr wollte. Ich weiß es nicht. Und: Es ist mir auch egal. Denn wir wollten Kango. Wir lieben ihn – genauso wie meine Followerinnen und Follower. Er hat eine richtige Fangemeinde. Wenn ich etwas über Kango poste, drehen alle gleich durch. Er ist bei »Save the Dogs BIH« definitiv der Publikumsliebling. Sogar The Dodo, die weltweit größte Internetplattform für Tierfreunde mit insgesamt um die 50 Millionen Followerinnen und Follower, hat Kango in seine Hall of Fame aufgenommen und schon ein paar Clips über ihn gebracht. Er ist einfach ein Star. Ein verspielter, gemütlicher, verschmuster Superhund, der mittlerweile bestimmt um die 90 Kilo wiegt und auf der Ranch viele Freunde gefunden hat. Ich habe ihm sogar ein eigenes kleines Holzhaus bauen lassen, einfach als Dankeschön dafür, dass er da ist – Kango, den keiner mehr wollte, den alle vertrieben haben und der bei uns angekommen ist.

ANNA

Anna ist eine kleine Jack-Russel-Mix-Hündin. Wir fanden sie im Sommer 2024 auf der Straße nahe Bugojno. Sie war da vielleicht gerade einmal knapp ein Jahr, konnte nicht mehr richtig laufen, humpelte nur noch und winselte dabei vor Schmerzen. Man hatte ihr ins Bein geschossen, alles war blutig, das Fleisch zerfetzt, der Knochen zertrümmert. Wir brachten sie sofort zu Sanel. Als er Anna sah, schüttelte er traurig den Kopf. Das Bein der Kleinen war nicht mehr zu retten, Sanel musste es amputieren.

So krank es klingen mag: Es gibt in Bosnien viele Menschen, darunter selbst Kinder und Jugendliche, die auf Hunde schießen, manchmal sogar einfach nur aus Spaß. Es sind Sadisten, die sich daran ergötzen, wie ein Tier unter Schmerzen noch versucht zu fliehen. Ein Hund ist, ich erwähnte es schon, in Bosnien einfach nichts wert. Bereits kleine Kinder bekommen gesagt: »Lauf am besten immer mit einem Stein herum, dass du dich wehren kannst, wenn ein Hund kommt!« Manche Erwachsene zeigen Kindern sogar, wie sie einen Hund mit einem Messer töten können. Ein Hund ist für viele einfach so etwas wie ein wertloser Gegenstand, mit dem man machen kann, was man möchte. Insbesondere auch zu Zeiten der Hochphase von Corona, also um 2020, 2021 herum, wurden viele Hunde erschossen. Dies unter dem Vorwand, die Ausbreitung des Virus dadurch eindämmen zu können. Man dachte einfach, es läge an den Hunden. Sie würden das Virus übertragen.

Anna lebt jetzt bei uns auf der Ranch. Sie ist eine ziemlich quirlige Fellnase. Das fehlende Bein vermissen nur die Menschen, wenn sie Anna sehen. Anna selbst vermisst es nicht. Sie läuft gut und schnell – vor allem, wenn es ums Futter geht – mit ihren drei Beinen durchs Leben.

TIPP: WAS IST DAS DENN FÜR EINE RASSE?

Ein Hund ist ein Hund. Die Rasse sollte keine übergeordnete Rolle spielen. Ich meine, es ist doch wie bei uns: Ein Mensch ist ein Mensch – egal, woher er kommt. Alle sollten gleichberechtigt behandelt und angesehen werden. Darum ist die Fragerei von manchen Hundeleuten von wegen »Was ist das denn für eine Rasse?« eigentlich vollkommen überflüssig.

Aber nun gut, wenn sie schon so neugierig sind, machen wir sie doch noch ein wenig neugieriger. Anbei ein paar lustige und charmante Bezeichnungen für euren durchgemixten Fellliebling. Was könnte er oder sie sein? Vielleicht ein

La Strami (Landstraßenmischung),

Skanskan (s'kann der sein, s'kann der sein),

Strafuhu (Straßenfundhund),

Dagado (das ganze Dorf),

Tischuh (Tierschutzhund),

Bebemi (besonders bezaubernder Mischling),

Stragrami (Straßengrabenmischling),

Eikeiahn (einfach keine Ahnung),

Queddo (quer durchs Dorf)

oder auch ein

Mélange d'amour (Mischung aus Liebe).

Auf alle Fälle ist es ein **Hund!**

Übrigens: Die Hunde auf der Ranch und auch die Hunde im Asyl haben ihren jeweiligen Namen von ihrer Patin oder ihrem Paten bekommen, wenn sie nicht bereits einen Namen haben. Wir haben auf der Homepage von »Save the Dogs BIH« eine Übersicht aller Hunde, für die eine Patenschaft übernommen werden kann. Wer sich dazu entschließt, darf seinem Hund dann auch einen selbst ausgewählten Namen geben, sofern er noch keinen besitzt, und erhält einmal im Monat exklusiv ein Foto von seinem Patenhund.

ARES UND BALU

Jeden Tag habe ich wirklich 24/7 das Handy bei mir. Klar, um Notanrufe sofort entgegennehmen zu können, aber auch, um vor allem die Teamarbeit auf der Ranch zu organisieren und die eingegangenen Nachrichten zu checken. Damit fange ich häufig schon wie erwähnt morgens um sechs, sieben Uhr an. Mir ist es wichtig, auf allen Kanälen auf dem aktuellsten Stand zu sein.

Viele Followerinnen und Follower loben die Arbeit, viele stellen auch Fragen zu geretteten Hunden und wollen wissen, wie es denen jetzt geht. Viele fragen einfach auch nach, ob ihre Spende angekommen ist oder ob sie einen unserer Hunde adoptieren können. Ich kann nicht allen antworten, dafür sind es einfach zu viele. An den meisten Tagen bekommen wir echt mehrere Hundert Nachrichten. Aber ich versuche immer, so viele Nachrichten wie möglich selbst zu lesen, verweise aber immer darauf, Nachrichten nicht an mich, sondern an die »Save the Dogs BIH«-Adresse zu schicken, dann übernimmt das Team.

Beim täglichen Checken dieser Nachrichten stolperte ich im August 2024 über eine Mail von einer Frau aus der Nähe von Stuttgart. Sie schrieb mir von einem lauten und verspielten XL-Bulli namens Ares, dem Hund von Bekannten, der echt zwei Jahre und damit so gut wie sein ganzes bisheriges Leben in einem Keller hausen musste. Die Leute hatten keine Zeit für ihn und überließen ihn daher in dem Keller einfach sich selbst. Für den armen Kerl ging es wohl immer nur 50 Meter vor die Tür und dann wieder zurück in sein dunkles Loch. So grausam. Die Frau, die mir mailte, hatte daher Ares zwei Monate zuvor zu sich genommen. Sie wollte diesem Leid ein Ende bereiten und sich um ein neues Zuhause für Ares kümmern. Tatsächlich schaffte sie es auch. Sie vermittelte Ares, doch leider kam er ganz schnell wieder zurück. Drei Mal ging das so, und immer hieß es: Der Hund macht Sachen kaputt, der Hund bellt zu laut und ist zu dominant. Die Frau war total verzweifelt. Denn auch ihr selbst, so schrieb sie, fehle die Zeit und auch die Kapazität, um Ares zu behalten.

Sie fragte daher, ob er nicht zu mir könne. Er bräuchte eine Führung, eine richtige, eine starke und artgerechte. Und ich, ich würde mich doch auskennen, meinte sie.

Bereits während des Lesens der Zeilen war mir klar, dass ich Ares zu uns holen würde. Denn ich wusste, wenn seine nächste Station womöglich das Tierheim ist, wird dies auch seine letzte sein. Solche Hunde wie Ares kommen aus dem Tierheim kaum wieder raus. Einmal dort gelandet, ist es für viele von ihnen die Endstation. Ich rief die Frau daher umgehend an und sagte ihr, dass Ares bei uns ein neues Zuhause für immer finden würde. Die Frau war megaglücklich und erleichtert.

Ich weiß noch, dass sich einige meiner Followerinnen und Follower darüber gewundert haben, dass ich einen Hund aus Deutschland aufnehme. Doch mir war und ist es wichtig, dass ich helfe, wenn ich die Möglichkeit dazu habe. Ich konnte auf diese Art und Weise auch etwas zurückgeben. Ich habe so viele Followerinnen und Follower aus Deutschland, so viele Spenden kommen aus Deutschland – diese Unterstützung werde ich nicht vergessen. Ich wollte daher einfach auch ein Zeichen setzen und zeigen, dass ich überall da bin, wo ich gebraucht werde.

Ares lebt jetzt bei uns. Er ist ein absoluter Buddy. Und: Er ist ein Schmusetiger. In einem Reel von ihm und mir zählte eine Followerin echt 217 Küsse in zwei Minuten – wenn das keine Liebe ist. Aber Ares macht es einem auch leicht, ich bin froh, dass er jetzt bei uns ist.

Hunde wie Ares brauchen aus meiner Sicht eine liebevolle, respektvolle, aber klare Strenge. Sie brauchen deutliche Ansagen von einem Menschen, der keine Angst vor ihnen hat und sich nicht an der Nase herumführen lässt. Ich weiß zum Beispiel noch, wie Ares sich gleich am ersten Abend dazwischendrängte, als Sara und ich uns umarmten. Das gefiel ihm nicht. Er wollte der Boss sein. Die Frau, bei der er zuvor war, hatte mir schon erzählt, dass er das gerne macht. Doch da habe ich ihn am Halsband gegriffen, ihn ohne Gewalt, aber mit einer gewissen Strenge weg- und runtergedrückt, hab ihm tief in die Augen geschaut und gesagt: »Ich bin hier der Chef und nicht du. Und du wirst lernen, dass es so ist. Und jetzt gehst du nie wieder dazwischen!« Er hat nicht aufgemuckt. Im Gegenteil. Er hat sich hingesetzt, und gut war. Ich habe gesehen, dass ihm die Ansage gefallen hat. Er hat gemerkt, dass da mit mir jemand ist, der keine Angst vor ihm hat, sondern der ihm endlich sagt, was er tun und was er lassen soll. Genauso wie bei der Rückfahrt von der Schweiz nach Bosnien.

Da saß Ares hinten auf der Rückbank des Transporters und fing plötzlich an, das Bett im Bulli kaputtzumachen. Ich sah ihn wieder direkt an und meinte nur deutlich und klar: »Ares, ich will nicht anhalten, damit es reicht.« Er verstand mich sofort. Ich weiß noch, wie dankbar er geguckt hat, als ich sagte, dass er das nicht tun soll.

Auch Balu, ein kastrierter Dogo-Argentino-Stafford-Mix, kam aus Deutschland zu uns nach Bosnien – am 5. September 2024, an meinem Geburtstag. Er kommt ursprünglich aus der Schweiz, hat dann echt zehn Mal das Zuhause und seine Familie gewechselt. Immer kamen die Leute nach wenigen Wochen nicht mit ihm klar, klagten darüber, dass er sich nicht mit anderen Hunden, insbesondere Rüden verträgt. Über Freunde hat dann Florian, ein Mann aus Bayern mit einem großen Herz für Hunde, von Balu gehört und ihn im Oktober 2023 gerettet. Es hätte tatsächlich nach dieser Riesen-Odyssee das Happy End für Balu sein können. Denn Florian und seine Familie haben Balu echt megalieb gehabt. Es hätte das perfekte Zuhause für den Großen sein können, wären da nicht die deutschen Behörden gewesen. Denn als »Dogo-Argentino-Stafford-Mix« war Balu in Bayern komplett verboten. Florian wusste das. Doch er wollte Balu aus dem Chaos rausholen und ihm in Ruhe ein neues Zuhause suchen.

Florian begann dann, viel mit Balu zu trainieren. Er bat mich, seine Beiträge über Balu zu teilen, damit er schnell eine geeignete Bleibe für ihn findet. Tatsächlich gab es dann auch drei bis vier Interessenten, es wurden Vereinbarungen getroffen, Vorgespräche geführt, doch irgendwie hat es schlussendlich mit der Vermittlung nie geklappt.

Florian war total fertig, mit seinen Nerven am Ende. Aus Angst vor gesetzlichen Konsequenzen ist er mit Balu immer nur ganz früh und ganz spät rausgegangen. Irgendjemand hat das mit Balu dann aber doch den Behörden gesteckt, und die haben Florian dann eine Frist von drei Monaten gesetzt, bevor sie ihm Balu wegnehmen. Denn wie erwähnt, in Bayern ist Balu als »Dogo-Argentino-Stafford-Mix« verboten, was ich übrigens nicht in Ordnung finde. Es geht für die nicht um den Hund selbst, es geht einfach nur um die Rasse, zu der er gehört, und ist es quasi die falsche, bekommt er einen Stempel aufgedrückt und wird in eine Schublade gesteckt.

Okay, ich kenne auch die Schlagzeilen, wo Hunde dieser Art ausgetickt sind, doch von 100 Hunden war das vielleicht einer, der richtig Blödsinn gemacht hat. Und für diesen Blödsinn sind meiner Meinung nach vor allem die Menschen verantwortlich. Ich meine, zu 99 Prozent ist nicht der Hund schuld, sondern der Mensch. Er löst mit seiner Erziehung oder besser gesagt Nicht-Erziehung in dem Hund aus, was später passiert.

Leider waren und sind Hunde wie Balu so eine Art Mode, ein Trend. Sie sehen stark aus, hinterlassen Eindruck, spalten mitunter auch die Gemüter, sorgen für Gesprächsstoff, und ich weiß, dass sich etliche Leute so einen Hund geholt haben, nur eben, um Aufmerksamkeit zu erlangen. Es ging und geht diesen Leuten nicht wirklich um den Hund. Von dem haben sie eh meist keine Ahnung und für den haben sie auch meist eh keine Zeit. Es geht ihnen eher um ihr Auftreten und ihre Erscheinung. Und das ist einfach nur beschissen. Die Hunde bekommen in solchen Situationen und unter solchen Umständen nie die Chance, zu zeigen, wie großartig sie sind.

Als Florian mir Balu nach Bosnien brachte, habe ich mich gleich in Balu verliebt. Er ist ein lustiger Kerl. Leider versteht er sich aber tatsächlich nur mit wenigen anderen Hunden, sodass er weder auf die Ranch konnte noch bei uns zu Hause leben kann. Er muss wirklich einzeln gehalten werden, und ich denke, dafür haben wir eine tolle Lösung gefunden: Balu hat eine riesige, sogar beheizte Box, fast schon ein kleines Haus, und dazu sogar seinen eigenen kleinen Garten. Beides zusammengenommen hat Balu bestimmt um die 100 Quadratmeter nur für sich. Zudem gehe entweder ich oder einer der Mitarbeitenden von der Ranch jeden Tag zwei bis drei Stunden mit ihm spazieren. Balu liebt Wasser, springt in jeden Tümpel oder Bach. Er läuft ohne Leine, manchmal sogar neben dem Motorroller, natürlich fahre ich im Schritttempo. Ihn so frei zu erleben, öffnet mir das Herz.

ARES

Ares war ein Jagdhund. Seine Geschichte hier zu erzählen, liegt mir ebenfalls besonders am Herzen, denn sie gehört zu den krassen Beispielen, wie es jenen Jagdhunden ergeht, die nicht mehr gebraucht werden. Die als »Arbeitsgerät«, denn nichts anderes sind sie für viele Jäger, »versagt« haben beziehungsweise die die oft viel zu hohen Erwartungen nicht erfüllen konnten.

Viele Jagdhunde werden ihr Leben lang nur in winzigen Zwingern gehalten, oft weniger als einen Quadratmeter groß. Sie kommen lediglich zur Jagdzeit heraus, ansonsten verbringen sie ihr Dasein im Zwinger. Etliche Menschen halten die Hunde als Statussymbol und kümmern sich kaum um sie. Solange die Hunde gut jagen, sind sie wertvoll – sobald sie nicht mehr »liefern«, entledigt man sich ihrer. Das Aussetzen der Hunde aber ist aufwendig, weil man sicherstellen muss, dass sie nicht zurückkehren. Viele Hunde werden daher gleich erschossen, weil es in Bosnien als Schande gilt, wenn der Hund in der Stadt umherirrt und man ihn mit seinem Besitzer in Verbindung bringen kann. Die »sicherste« Methode ist also sozusagen, die Hunde zu töten.

Ares wurde nicht getötet, sondern er kam ins Asyl. Er war da schon in einem sehr, sehr schlechten Zustand. Er war stark abgemagert, total schwach, vielleicht so um die zehn Jahre alt. Er fiel mir im Oktober 2023 gleich auf, als ich ihn zum ersten Mal sah. Ich brachte ihn zu Sanel, er bekam Infusionen, lag auf Heizdecken und unter Wärmelampen, und ich legte mich zu ihm, redete mit ihm. Er sollte spüren, dass ich bei ihm war.

Das zwischen Ares und mir, das war schon eine besondere Verbindung. Auf andere Personen reagierte er kaum, lag nur regungslos da. Doch sobald ich in die Praxis kam, um nach ihm zu schauen, hob er leicht den Kopf, wollte aufstehen und jaulte.

Seinen Lebenswillen zu spüren, seine Liebe, Treue und Hingabe, das hat mich emotional tief getroffen und einige Wunden in mir hinterlassen. Als er nach fünf Tagen den Kampf um sein Leben verlor, war ich unendlich traurig. Ich kann das gar nicht mit Worten beschreiben. Ich weiß nur: Ich hatte einen Freund verloren, den ich wirklich nie, nie, nie vergessen werde!

NOLA

Die Opfer haben keine Stimme. Sie können nicht sagen, was mit ihnen geschieht. Stattdessen müssen sie wieder und wieder das Leid ertragen – die meisten bis zum Tod, der sie von den Qualen erlöst. Hundekämpfe sind einfach nur grausam. Und ich weiß gar nicht, wen ich schlimmer finden soll: die Typen, die das Szenario organisieren, oder die Typen, die sich am Leid der Hunde ergötzen. Es ist ein Riesengeschäft, weltweit, und damit auch bei uns in Bosnien. Die Typen verdienen sich mit der kranken Gier, ein Tier leiden und um sein Leben kämpfen zu sehen, eine goldene Nase. Der Hund ist für diese Art von Typen einfach nur ein Instrument, um sich zu profilieren. Für mich sind das alles kranke Machos, die in die unterste Schublade von Männern gehören, und ich bin froh, dass ich noch keinem von ihnen bewusst begegnet bin.

Für genau solch ein krankes Ego eines Mannes musste beispielsweise auch Nola, eine heute wirklich wunderschöne Kangal-Hündin, herhalten. Mein Team fand sie Ende 2020 auf der Straße in der Nähe von unserem Tierarzt Sanel. Sie war, ich weiß nicht, wie oft, für Hundekämpfe eingesetzt worden. Ob an den Pfoten, am Kopf, am Bauch, am Rücken – überall an ihrem Körper hatte sie Bisswunden. Nola war in einem katastrophalen Zustand. Man muss wirklich sagen: Sie war komplett zerfetzt, hatte an vielen Stellen keine Haut mehr an ihrem Körper.

Das Krasse war dann aber, wie in dieser Situation ihre Kämpfernatur zum Vorschein kam. Ich denke wirklich, dass das, was man ihr antrainiert hatte, also bis zum Schluss um das eigene Leben zu kämpfen, ihr letztendlich tatsächlich das Leben gerettet hat. Es war Ende des Jahres, es war Winter, es lag Schnee, es stürmte ordentlich und wir hatten hohe Minustemperaturen. Nola war so schlimm verletzt, und dennoch war sie auf den Beinen. Es war ihr starker Wille und das Wissen: Ich will leben, ich werde weiterleben!

Sanel nahm sie dann erst einmal zu sich, versorgte ihre Wunden und wachte über sie. Denn ihr Zustand war wirklich kritisch und es ist schon fast ein Wunder, dass sie überlebt hat. Fünf Tage war Nola bei Sanel in der Praxis, erst dann war sie stabil und konnte auf die Ranch.

Heute ist Nola sieben und wunderschön. Sie ist eine durchaus dominante Alpha-Hündin und führt somit ihr eigenes Rudel, zu dem um die zehn bis zwölf Hunde gehören.

EMBOLO UND PONGO

Es gibt Momente, Geräusche, Begegnungen mit Hunden, an die werde ich mich gewiss mein Leben lang erinnern. Eines dieser Geräusche ist das Jaulen von Embolo. Er weinte, bitterlich, und drückte mir durch die Gitterstäbe seine Schnauze entgegen. Es war Ende 2022, und wir besuchten das städtische Asyl in Bugojno. Ich meine, ich halte viel aus und ich habe ja auch schon einige Seiten zuvor darüber berichtet – die Zustände im Asyl waren damals echt der absolute Horror. Wenn ich sage, dass es schlimm gerochen hat, ist dies eine Untertreibung. Selbst »bestialisch« beschreibt es nicht. Es lässt sich gar nicht in Worte fassen. Der ganze Boden des Riesenzwingers, in dem sich circa 1000 Hunde drängten, war total durchnässt. Alles war ein brauner, ekliger Matsch aus Kot und Urin. Einige Hunde waren vor Verzweiflung und auf der Suche nach einem trockenen Platz unter den Pfoten auf die Hütten geklettert. Doch natürlich war darauf der Platz begrenzt.

Es stank wirklich so sehr, ich wollte gar nicht mehr richtig durch die Nase einatmen, versuchte, nur durch den Mund Luft zu bekommen. Und die Hunde, mit ihrer sehr empfindlichen und empfindsamen Nase, mussten dort 24/7 leben. Ohne Worte!

Embolo erzählte mir von seinem Leid. Er war ein Herdenschutzhund und saß bereits zwei Jahre von seinen überhaupt erst zweieinhalb, drei Jahren Leben im Asyl. Körperlich war er eigentlich in einem ganz guten Zustand. Doch seelisch ging es ihm schlecht. Er war unendlich traurig und depressiv. Ja, ich denke, das lässt sich auch bei Hunden so sagen.

Die ganze Zeit, als ich ihn durch die Gitterstäbe hindurch hinter den Ohren kraulte, jaulte er, weinte er. Er schien mir zu sagen: »Siehst du mich? Bitte hilf mir! Bitte, hol mich hier raus!« Es war schlimm. Ich konnte so mit ihm fühlen. Und viele, viele Followerinnen und Follower taten es auch, als sie das Video sahen. Alle verstanden, dass ich sofort mitweinen musste, als Embolo mir von seinem Leid erzählte.

Wir holten Embolo noch am gleichen Tag aus dem Asyl. Nachdem Sanel ihn einmal komplett durchgecheckt und geimpft hatte, konnte er raus aufs Gelände und endlich ein, sein Leben als Hund genießen.

Als ich das Video von Embolo bearbeitete, um es hochzuladen, fiel mir ein Hund im Hintergrund besonders auf. Es waren seine Augen, sein trauriger, verzweifelter und hoffnungsloser Blick. Als ich ihn anschaute, schien es mir, als würde er mich förmlich anflehen und um Hilfe bitten. Ich kontaktierte daraufhin einen Mitarbeiter und bat ihn, auch diesen Hund auf unsere Ranch umzusiedeln. Noch am selben Tag kam Pongo zu uns. Er war dann aber gar nicht so lange hier, denn er wurde adoptiert und hat so in Deutschland sein Zuhause gefunden.

PASCAL

Es war irgendwann im Juni oder Juli 2024, als ich auf Instagram, auf der Seite von »Sapice Vrbas«, einer Hunderettung und Hundevermittlung aus Serbien, ein Video eines schwer verletzten Hundes sah. Es hieß, dass er wohl von einem Wolf attackiert worden sei, zumindest deuteten die Wunden darauf hin. Es kommt immer wieder vor, dass dort und auch hier in Bosnien Straßenhunde von Wildschweinen, Wölfen, aber vor allem auch von Bären oder Füchsen angefallen werden. Insbesondere wenn sie geschwächt sind, sind herumstreunende Hunde für die Wildtiere leichte Beute.

Ich sah also das Video und dachte nur: »Leute, wollt ihr mich verarschen? Der Hund heißt Pascal? Welcher Hund heißt denn Pascal? Ist das echt? Aber gut, wenn er so heißt, dann gehört er zu mir!« Denn vor gut 15 Jahren habe ich in der Schweiz einen Pascal kennengelernt, der seitdem wie mein Bruder ist. Er ist so alt wie ich und hat in meinem Leben einen hohen Stellenwert. Er ist mein Vertrauter, in allen Dingen. Ich kann ihn nachts um elf anrufen, er ist da, auf ihn kann ich mich einfach verlassen.

Ich habe die von Sapice Vrbas dann gleich angeschrieben und gefragt, ob sie schon ein Zuhause für Pascal gefunden hätten, und wenn nicht, dass ich ihn gerne nehmen würde – sie haben sich mega über die Anfrage gefreut, denn sie haben nicht so viele Unterkünfte für die Hunde. Der Tierarzt des Vereins und die Frau, die ihn gerettet hat, haben dann sogar auch neun Stunden Autofahrt auf sich genommen und mir Pascal persönlich gebracht. Sein Zustand war da immer noch schlecht. Zwar waren die Wunden versorgt, doch es waren einfach zu viele, und einige davon öffneten sich auch immer wieder und bluteten stark. Selbst der Tierarzt Samir, der ja schon so einiges an Verletzungen gesehen und in den Griff bekommen hat, war zeitweise etwas ratlos. Pascals halber Rücken war offen. Es war wirklich schlimm, die Wunden wollten einfach nicht heilen. Zwei Wochen, nachdem Pascal bei uns war, mussten wir ihm daher leider auch den Schwanz amputieren.

Zum Glück aber ist das jetzt Vergangenheit. Die Wunden sind schließlich doch gut verheilt, und im Winter hat er dann sogar so ein dickes Fell bekommen, dass er auf einmal nicht mehr wie ein weißer Kojote aussah, sondern eher wie ein Schaf. Pascal ist richtig, richtig schlau, und wir haben ihn gerne bei uns. Er ist der Freund von allen und lebt bei uns auf dem Hofareal.

Als ich meinem Freund Pascal von seinem tierischen Namensvetter erzählte und ihm sagte, dass der Hund jetzt bei uns ist, fühlte er sich geehrt. Er sah es als ein besonderes Zeichen der Freundschaft an, was es auch für mich ist – obgleich die beiden Pascals schon recht verschieden sind. Der Mensch Pascal ist immer auf Sicherheit bedacht, der Hund Pascal will immer nur Action. Aber: Beide sind top, und ich möchte sie in meinem Leben nicht missen!

KALEA

Wenn ich Kalea sehe, schnürt es mir bei dem Gedanken an ihre Vorgeschichte immer wieder die Kehle zu. Nur wenige Monate nach ihrer Geburt kam sie in einen dunklen Keller, wo sie angekettet die nächsten drei Jahre ihres Lebens verbringen musste. Kein Tageslicht, kein richtiger Gassigang, keine Artgenossen, kein liebes Wort, keine Streicheleinheiten. Kalea musste einfach immer funktionieren – als Vermehrerhündin. In den drei Jahren hat sie bestimmt sechs, sieben, acht Würfe gehabt. Die Jungen wurden ihr schnell weggenommen und verkauft. Es ging nur ums Geld. Kalea ist eine reinrassige Rottweiler-Hündin, viele mögen diese Rasse vor allem auch aus Prestigegründen.

Irgendwann im Spätsommer 2022 merkte der Besitzer dann aber, dass Kalea nicht mehr für die Zucht zu gebrauchen war. Permanent trächtig zu sein, hatte verständlicherweise kräftemäßig total an ihr gezehrt. Sie war einfach durch, war abgemagert, hätte eine Pause gebraucht, um sich zu erholen, doch die wollte der Besitzer ihr nicht geben. Dafür aber den Tod. Zum Glück entschied er sich dann aber doch noch, vorher unseren Tierarzt Sanel anzurufen. Er fragte, ob er Kalea holen wolle. Wenn nicht, dann würde er sie halt erschießen. Ich meine, was ist das für eine Frage?! Natürlich hat Sanel sie sofort geholt. Er hat sie untersucht, dann ins Asyl gebracht und gleich bei uns angerufen und von Kaleas Schicksal erzählt. Wir haben sie sofort am nächsten Tag dort abgeholt.

Kalea lebt bei uns und unseren anderen Hunden mit im Haus. Sie ist total verschmust und wahnsinnig lieb.

TIPP: WIE GEHE ICH MIT EINEM TRAUMATISIERTEN HUND UM?

Kalea lässt sich nicht gerne von oben streicheln. Ich weiß nicht, ob das etwas mit ihrer Zeit im Keller zu tun hat. Aber ich denke, dass klar ist, dass viele Jahre in einem dunklen Keller oder an einer kurzen Eisenkette oder in einer viel zu kleinen Box natürlich ein Trauma in einem Hund auslösen können. Dafür muss man kein Hundepsychologe sein, und der bin ich auch nicht.

Zeit, Liebe und Geduld – ich kann es gar nicht oft genug betonen – sind meiner Ansicht nach die wesentlichen Punkte, die ein traumatisierter Hund braucht. Von Dingen wie Konfrontationstherapie halte ich dagegen nicht so viel. Man sollte nicht mit zu viel Energie oder mit einer zu großen Erwartungshaltung an den Hund herangehen.

Ich beobachte immer wieder, dass Hunde mit den unterschiedlichsten schweren Schicksalen ganz verschieden mit ihrer Vergangenheit umgehen. Da ich den Hunden in ihrer Situation gezielt helfen möchte, gehört seit Februar 2025 auch ein Hundetrainer aus Deutschland zu unserem Team. Er lebt hier vor Ort und arbeitet mit den Hunden auf der Ranch. Dabei nimmt er sich nicht nur der Hunde mit einem Trauma an, sondern kümmert sich auch gezielt um Hunde wie beispielsweise einen Deutschen Schäferhund oder einen Malinois. Er arbeitet mit ihnen, beschäftigt sie. Denn die wenigsten dieser Art von Hunden sind zufrieden, wenn man mit ihnen einfach nur spazieren geht.

KYRA

Kyra, eine Stafford-Hündin, war seit 2021 eine meiner treuen Begleiterinnen, eigentlich mein zweiter eigener Hund. Sie war 13, als ich sie zu mir holte, davor hatte sie bei Markus gelebt. Markus würde ich als flüchtigen Freund, als guten Bekannten bezeichnen. Wir kannten uns vom Bodybuilding, haben in der Schweiz lange im selben Studio trainiert und wir hatten halt beide einen Hund – er Kyra, ich Mia, das hat uns verbunden. Denn so wie ich Mia liebte, liebte er seine Kyra.

Markus war ein total gut aussehender Mann. Mit seinen knapp 120 Kilo bei einer Größe von 2,05 Metern war er ein Vorzeigeathlet und dazu auch noch ein herzensguter Mensch. Die Frauen liefen ihm nach. Er hätte echt jede Frau der Welt haben können, doch irgendwie entschied er sich in meinen Augen nie für die Richtige. Meiner Meinung nach haben diese unglücklichen Beziehungen ihn zerstört. Sein Herz war gebrochen, und er trank sich in seiner Enttäuschung und seiner Trauer wirklich zu Tode.

Als man Markus im November 2021 tot in seiner Wohnung in Lenzburg, im Kanton Aargau, fand, lag Kyra neben ihm. Zwei Tage hatte sie so bereits neben ihm gewacht. Ich erfuhr davon erst über die sozialen Medien, eine Nachbarin hatte es gepostet. Sie hatte Kyra auch zu sich genommen, eine Übergangslösung, so meinte sie, bis man ein neues Zuhause für sie gefunden habe. Da ich wusste, was Kyra Markus bedeutet hatte und wie schwer sie es als Stafford-Hündin in einem Tierheim wahrscheinlich haben würde, ein neues Herrchen oder Frauchen zu finden, war es für mich keine Frage, dass Kyra zu mir kommen würde. Sie war ein toller Hund. Auch Mia fand sie großartig und akzeptierte sie sofort. Die beiden verstanden sich super.

Kyra lebte bei uns auf dem Hofareal. Auch als sie mit 14/15 dann mehr und mehr Arthrose bekam und ihr das Laufen nicht immer ganz so leichtfiel, ließ sie es sich nicht nehmen, immer mit auf die Runde zu kommen und mit den anderen zu spielen. Am 26. Januar 2025 ist Kyra gestorben. Obgleich sie da schon 16 war, kam ihr Tod doch überraschend. Sie hatte am Abend zuvor noch ordentlich Hunger gehabt, hatte 300 Gramm Fleisch gefressen, dann war sie eingeschlafen – und nicht mehr aufgewacht. Kyra ist jetzt bei ihrem Papi. Und, lieber Markus, mein Freund: Auch wir werden uns irgendwann wiedersehen.

RICKY

Ricky war ein großartiger, liebevoller Kangal-Rüde. Er wurde für Hundekämpfe gekauft, hatte sich dabei aber nicht behaupten können. Gleich seinen ersten Kampf hatte er schnell verloren, so erzählt man sich, und auch, dass sein Besitzer ihn dafür bestrafte – mit einem Leben im Käfig. Neun Jahre verbrachte Ricky in einem, wenn überhaupt, zwei Meter großen quadratischen Käfig. Selbst seine Geschäfte musste er darin erledigen. Nie in diesen neun Jahren hat Ricky einen Spaziergang gemacht, nie hat er Artgenossen gesehen und ich kann mir vorstellen, dass er nie richtige Liebe und Zuneigung gespürt hatte. Es gab auch keine Hütte, in der sich Ricky mal hätte verstecken oder in die er sich hätte zurückziehen können. Es gab nur ein Dach, das wenigstens Schutz vor Regen bot, aber keinen wirklichen Schutz vor der Sonne.

Im August 2024 war es der Besitzer dann aber leid, Ricky weiter mit Futter und Wasser zu versorgen und ab und an den Käfig zu säubern. Er wollte ihn loswerden, und wir können wirklich froh sein, dass er sich deswegen bei uns meldete. Die Menschen wissen mittlerweile, dass wir einfach zu ihnen kommen und die Hunde mitnehmen. Wir stellen keine Fragen, wir machen den Menschen keine Vorwürfe. Wir sehen, aber wir müssen schweigen. Würden wir reden und Fragen stellen, dann würde es höchstwahrscheinlich zu einem Streit kommen und es könnte sein, dass die genervten oder erbosten Besitzer uns den Hund dann nicht mehr geben würden. Vielleicht würden sie auch Stress machen, schlecht über uns reden, was die Stimmung nur negativ aufladen würde. Darum sind wir lieber ruhig und bedanken uns, dass wir gerufen wurden. Denn dann bekommen wir das, worum es uns geht – den Hund.

Das Leben im Käfig hatte Ricky extrem gezeichnet. Der fehlende Auslauf und der fehlende Platz, um sich mal richtig lang machen zu können, um sich mal richtig auszustrecken und zu dehnen, hatte zu Fehlstellungen in Rickys Wirbelsäule geführt. Auch hatte er eine heftige Arthrose.

Wir pflegten Ricky tagelang beim Tierarzt. Er versuchte sehr oft, nach uns zu schnappen, weswegen wir Abstand hielten, doch gleichzeitig mussten wir zu ihm durchdringen und Vertrauen zu ihm aufbauen, da er es alleine kaum schaffte, auf die Beine zu kommen. Ich brachte ihm täglich gute Knochen und frisches Fleisch, damit er merkte, dass wir es gut mit ihm meinten. Das funktionierte auch wunderbar. Mit der Zeit ließ er sich von uns streicheln; Sara und ich gingen mit ihm spazieren. Als er immer besser auf die Beine kam, nahmen wir ihn zu uns nach Hause. Er war einer der ersten Hunde auf der Ranch; er war schon bei uns, als noch kein einziger Zaun der Ranch stand …

Von Tag zu Tag ging es ihm besser. Plötzlich hatte er richtig Freude am Laufen, was er uns jeden Tag aufs Neue zeigte. Er lief, bis er eine Pause brauchte, und legte sich dann kurz hin. Je mehr er das Leben und die Freiheit genießen konnte, umso mehr Vertrauen zeigte er. Schlussendlich wurde er zu einem richtigen Kuschelbär, zu einem sanften Riesen. Er war ein super Hund. Leider ist Ricky Mitte Dezember 2024 ziemlich überraschend von uns gegangen. Nach der ärztlichen Untersuchung war klar, dass er einen Herzinfarkt hatte. Es tut extrem weh, ihn nie wieder sehen zu können. Aber ich weiß, dass er jetzt oben bei meiner Bönzu, bei Shila, bei Maya, Kyra und bei vielen anderen von unseren Engeln ist und dass sie alle auf uns warten. Wir werden uns wiedersehen, Ricky …

Hunde wie Ricky, die in einem viel zu kleinen und meist auch dreckigen Käfig oder in einer viel zu engen Box ihr Dasein fristen, die Futter aus schmutzigen Näpfen bekommen, wo schon die Fliegen drumherum kreisen, und die froh sein können, wenn es überhaupt mal Wasser, geschweige denn frisches Wasser gibt, haben wir in den vergangenen Jahren wirklich zu Hunderten gerettet. Ebenso Hunde, die 24/7 an einer Kette gehalten wurden und die deswegen offene Wunden am Hals oder direkt an den Ohren hatten, weil die Kette sich bei jedem Vorpreschen in ihr Fleisch gedrückt und oder die Haut blutig aufgescheuert hat. Es sind viele, viele Geschichten und Schicksale, und ich kann gar nicht sagen, welche Geschichte eines Hundes schlimmer ist als die andere. Jede zerreißt mir das Herz.

Die Menschen holen Hunde oft als Alarmanlage. Dass ein Hund aber ein fühlendes Lebewesen ist, das ist vielen von denen nicht bewusst oder total egal. So kommt es auch vor, dass die Tiere manchmal sogar ein paar Tage hintereinander nichts zu trinken oder zu fressen bekommen, dass die Leute sogar mitunter einfach in den Urlaub fahren und der Hund dann bei ihrer Rückkehr tot im Käfig liegt.

Wenn wir Hunde aus der Kettenhaltung oder aus der Zwingerhaltung retten können, liegt der Fokus ganz auf dem Tier. Wir fahren die Strecken, wo wir Hunde von der Kette oder aus dem Käfig gerettet haben, danach dann auch immer wieder mal ab und schauen, ob es sozusagen »Nachfolger« gibt. Doch tatsächlich ist dies bislang noch nicht vorgekommen. Ich weiß, dass es ein langer Prozess ist, doch mehr und mehr Leute sehen ein, dass sie ein Tier so nicht halten können. Ich hoffe, es werden jeden Tag mehr.

BODO

Als wir Anfang Oktober 2024 die schlimmen Bilder der Zerstörung durch das Hochwasser bei uns in Bosnien und Herzegowina sahen, war uns gleich klar: Wir wollen helfen! Denn es war dramatisch: Durch Starkregen waren die Flüsse über die Ufer getreten, angepeitscht von heftigem Sturm hatten sich schwere Geröllmassen durch ganze Dörfer ihren Weg gebahnt und Häuser unter sich begraben. Es hatte Erdrutsche, Steinschläge und Schlammlawinen gegeben, etliche Menschen waren gestorben.

Mein Team und ich, wir fuhren, so schnell es ging, los, und das Ausmaß der Zerstörung, das wir in den Orten sahen, ist in Worte nicht zu fassen. So viele Leute hatten alles, was sie sich jemals aufgebaut haben, von einer Minute auf die andere für immer verloren. Viele, viele Häuser waren zerstört und nur noch ein Haufen Schutt und Bretter, Autos waren von den Wassermassen einfach mitgerissen worden.

Wir versuchten, den Menschen in ihrer Not zu helfen, so gut wir konnten. Wir verteilten Unmengen an Wasserflaschen und Essen an die hilfsbedürftigen Personen vor Ort, und natürlich hielten wir immer nach verletzten Tieren, nach verletzten Hunden Ausschau.

In Jablanica, knapp 90 Kilometer südwestlich von Sarajevo, begegneten wir einem ortsansässigen Tierschützer. Er nahm uns mit zu einer Mülldeponie außerhalb der Stadt. Wo vorher kein einziger Stein, sondern nur Erde und Müll gewesen war, türmten sich jetzt riesige Berge an dicken Steinen auf. Vor dem Hochwasser hatte sich der Tierschützer auf der Deponie um 45 streunende Hunde gekümmert, die Naturgewalt war aber zu überraschend und zu heftig über sie hereingebrochen, sodass 25 von ihnen starben. Einige konnte der Mann tot bergen, andere sind unter den Steintrümmern wohl für immer begraben. Auch die Zufahrt zur Mülldeponie wurde komplett zerstört. Jeden Tag musste der Mann daher zwei Kilometer laufen, mit einem 20-Kilo-Futtersack auf den Schultern, um seine Hunde zu versorgen. Er begab sich dabei in Lebensgefahr, denn die Geröllmassen waren echt heftig, ich bin da selbst herumgekraxelt. Man wusste nie, ob es einen neuen Erdrutsch gibt. Jeden Moment konnte so vieles passieren. In dem endlosen Trümmerfeld von Steinen konnte man sich jederzeit schwer verletzen, konnte ausrutschen und mit dem Kopf tödlich anschlagen, ganz abgesehen von neuen Steintrümmern, die abrutschen konnten. Das ganze Gelände war total instabil. All das aber hinderte den Tierschützer nicht daran, sich um seine geliebten Hunde zu kümmern. Das war schon beeindruckend. Wir halfen ihm und ließen 300 Kilo Futter für seine Fellnasen da.

Bodo lasen wir in Fojnica, einer Kleinstadt knapp 60 Kilometer nordwestlich von Sarajevo, auf, ein knuffiger, zutraulicher Border-Collie-Rüde, knapp ein Jahr alt. Die Leute im Ort erzählten uns, dass er ein Straßenhund sei. Zum Glück war er unversehrt. Doch es war ein seltsames Gefühl, schön und traurig zugleich, ihn im Arm zu halten, zu wissen, dass er nichts mehr befürchten musste, und dabei dann auf all die zerstörten Häuser zu schauen. Ich bete, dass sich so ein Unglück nicht wiederholt. Ich habe übrigens damals ganz bewusst bei der Wahl des Ranchgeländes darauf geachtet, dass es sich nicht in einem möglichen Überflutungsgebiet befindet.

Bodo lebt jetzt auf der Ranch. Er ist gut angekommen.

FELICITAS

Die Suche nach Fressbarem bezahlen viele Straßenhunde grausam mit ihrem Leben. Gerade streunende Hunde in Städten werden immer wieder von Menschen attackiert. Insbesondere Besitzer und Mitarbeitende von Restaurants und Imbissen setzen oftmals herzlose und perfide Methoden ein, um die Hunde zu vertreiben oder gar zu töten. Suchen Hunde bei ihnen im Hinterhof zwischen den Tonnen und Müllsäcken Unterschlupf oder versuchen noch ein paar Reste für sich zu finden, werden sie vertrieben. Im Idealfall nur mit Worten und lautem Klatschen, in der Regel aber mit harten Tritten, mit brutalen Schlägen. Manche Besitzer oder Mitarbeitende legen auch Fleischstücke mit Gift als Köder für die Hunde aus oder versuchen, sie zu erschießen. Nicht selten werden die Hunde schwer verletzt oder haben durch das Gift innere Blutungen, schleppen sich unter Schmerzen davon und sterben dann nach einem tagelangen Todeskampf.

Felicitas konnten wir retten. Ich bekam eine Nachricht von einer Frau aus Žepče, einer Stadt in Bosnien mit gut 31 000 Einwohnern und rund zwei Stunden Autofahrt entfernt von uns. Sie erzählte mir, dass eine trächtige mittelgroße cremefarbene Hündin in den Straßen herumlaufen würde. Ihr Sohn habe einige Tage zuvor beobachtet, wie ein Mitarbeiter eines Restaurants der Hündin einen Eimer mit kochend heißem Wasser über den Rücken geschüttet habe, als sie gerade zwischen den Tonnen nach etwas Fressbarem suchte. Ich meine, was muss das für ein Abschaum von Mensch sein, der so etwas tut? Einen Hund so zu quälen, und dann noch eine trächtige Hündin.

Ich stieg sofort ins Auto und machte mich mit dem Team auf den Weg nach Žepče, um die Hündin mithilfe des Jungen der Anruferin zu retten. Mein Glück: In Žepče angekommen, lief sie tatsächlich noch da herum, und der Junge half mir, Vertrauen zu ihr aufzubauen. Es war nicht leicht, sie hatte Angst, lief zunächst weg und schnappte, als ich sie nehmen wollte. Innerlich zerriss es mir das Herz in 1000 Stücke, einer Mama-Hündin so einen Stress zu machen. Zum Glück half mir der Junge; er war da, was die Hündin, so denke ich, beruhigte.

Ich sah gleich, dass das heiße Wasser die Hälfte ihres Rückens verbrannt hatte. Die Wunde war zwar nicht mehr offen, auch war natürlich noch kein Fell nachgewachsen, doch insgesamt war die Verletzung erstaunlicherweise schon gut verheilt. Es war nicht leicht, doch wir konnten sie in den Transporter laden und brachten sie zur Ranch. Tatsächlich nur ein, zwei Tage später wurde sie Mami von sechs gesunden Welpen. Eine Followerin schrieb, dass sie glaube, Felicitas habe so lange gewartet, bis wir sie finden und zu uns holen, damit ihre Kleinen einen sicheren Start in ein glückliches Hundeleben haben. Ich denke, da ist wahrscheinlich viel Wahres dran!

Stunden, Tage könnte ich weiter und weiter über Hunde erzählen, was so viele Seiten mehr füllen würde. Mia würde mir da nicht böse sein. Sie weiß, dass sie ihren festen Platz in meinem Herzen hat. Und, wie erwähnt: Ich sehe sie manchmal in meinen Träumen unter all den anderen Hunden. Sie spielt dann mit ihnen und tobt herum, freut sich über jeden Neuankömmling und heißt ihn willkommen, denn sie weiß, wie gut es die Hunde jetzt endlich haben werden.

Es fällt mir schwer, nur ein paar Hunde herauszupicken und etwas über sie zu berichten. Denn es hätte jeder einzelne Hund, egal, wie alt er ist, egal, wo er herkommt, egal, was er erlebt hat, verdient, dass seine Geschichte erzählt wird. Denn eine jede ist so besonders, so wichtig, wie es ein jeder Hund ist. Darum liebe ich sie – Mia und all die anderen.

EPILOG

In 40 bis 50 Jahren, so Gott mir noch so viele Jahre Leben gibt, möchte ich keine Hunde mehr retten müssen. Stattdessen möchte ich mehr Zeit haben, um mit Hunden zu spielen, mich daran zu erfreuen, dass es ihnen gut geht und dass sie kein Leid ertragen müssen. Es wäre schön, wenn ich das noch irgendwann einmal erleben könnte. Vielleicht bin ich dann wieder in der Schweiz, vielleicht auch noch hier in Bosnien. Es kann überall sein. Hauptsache, alle negativen Menschen sind weit entfernt und stattdessen bin ich umgeben von ganz vielen Hunden und Menschen, die so ähnlich wie ich fühlen und denken. Das ist mir wichtig. Doch bis dahin ist es noch ein langer, wohl manchmal auch ungemütlicher und harter Weg.

Meistens geht es mir gut. Gerade dann, wenn ich morgens auf die Ranch komme, wenn gleich 10, 15 Hunde auf mich zustürmen, von denen etliche noch Wochen zuvor angekettet oder brutal misshandelt nicht in der Lage waren, auch nur eine Pfote vor die nächste zu setzen. Sie ausgelassen toben zu sehen, im Rudel mit ihren Artgenossen – dieser Anblick macht mich unendlich glücklich. Und: Hätte mir jemand vor 10, 15 Jahren gesagt, wie mein Leben heute ist – ich hätte nur den Kopf geschüttelt.

Mit Mia fing es an. Wo ich heute als Godfather of Dogs stehe, das habe ich ihr zu verdanken. Ich bin dieser kleinen Französischen Bulldogge für alles, was sie in mein Leben gebracht hat, so unendlich dankbar, dass es sich eigentlich nicht in Worte fassen lässt. Sie hat mir die Augen geöffnet für das Wesentliche – für die Liebe, das Füreinander-da-Sein. Dafür, dass man so viel zurückbekommt, wenn man gibt. Diese Dankbarkeit zu spüren und zu sehen ist jeden Tag aufs Neue ein großes Geschenk.

Sooft ich mir wünsche, dass Mia früher in mein Leben getreten wäre und ich damit früher gespürt hätte, was Hunde einem geben können, was Hunde in einem bewegen und Hunde in einem auslösen können, aber auch, was Hunde in mir für eine Energie freisetzen und ich daraufhin imstande bin zu leisten – ich weiß gar nicht, ob ich etwa vor 15 Jahren schon dazu in der Lage gewesen wäre. Zu sehr war ich da noch mit anderen Dingen, vor allem mit mir selbst, beschäftigt. So hat Mia auch Seiten an mir zum Vorschein gebracht, die ich meiner Ansicht nach einfach lange unterdrückt habe. Und obgleich Mia jetzt nicht mehr da ist – Kleines, ich vermisse dich so, so sehr und denke jeden Tag an dich –, ist ihre Liebe ganz tief in mir verankert und so etwas wie mein Lebenselixier.

Ja, ich bin stolz auf das, was wir geschafft und bis jetzt bereits erreicht haben. Ich habe aus dem Nichts etwas aufgebaut, ohne finanzielle Mittel vom Staat oder von der Gemeinde. Ich kam, sah das Leid der Hunde und wusste: Das will ich ändern! Ich hatte eine klare Vorstellung von dem, was ich erreichen möchte – und habe es einfach in Angriff genommen. Das hat viele überrascht. Zum einen, dass da jemand ist, der nicht herumredet und lange Pläne schmiedet, sondern einer, der etwas tut. Zum anderen, dass daraufhin wirklich etwas passiert und erreicht werden kann. Es geht um das Machen! Einfach machen!

Ich weiß aber auch: Genau dieses Machen, ohne lange abzuwägen, hat viele irritiert. Mehr noch: Dass es funktioniert und ich damit auch noch Aufmerksamkeit erlange – weltweit –, hat viele stark verwundert. Doch Menschen, die sich darüber wundern und sich mitunter sogar fragen, ob daran nicht irgendetwas faul ist, haben keinen Bezug zu Hunden. Sie verstehen nicht, warum man sich so wie ich für diese Tiere engagieren kann und warum so viele, viele andere Menschen auf der Welt das so intensiv verfolgen, ja sogar unterstützen. Sie bekommen das einfach nicht in ihren Kopf hinein, dass das Wohlergehen der Hunde anderen so wichtig ist wie mir.

Sie hatten mich für einen Spinner gehalten, einen mit einer fixen Idee. Und genau deswegen würden mich viele auch gerne fallen sehen. Damit sie eine Bestätigung haben, dass sie recht hatten. Dass das alles doch nicht echt sein kann. Dass ich doch nur ein Irrer bin, der solchen Tieren hilft, wovon es doch Hunderte gibt und sie deswegen doch nichts Besonderes sind. So denken diese Menschen und ich hoffe daher, dass ich ihnen nie den Gefallen tun und scheitern werde.

Klar ist mir bei allem, was ich denke und tue: Ich kann und werde es nicht jedem recht machen. Nie. Das schafft keiner, da bin ich mir ziemlich sicher. Doch ich möchte so viele Leute wie nur möglich erreichen, ich möchte erzählen und erklären, sodass sie verstehen, was ich tue und warum es wichtig ist. Für mich sind das nicht einfach irgendwelche Hunde. Es sind Hunde, von denen ein jeder einzigartig ist und ein Recht auf Leben, auf ein gutes, artgerechtes Leben hat.

Ganz ehrlich, ich riskiere jeden Tag mein Leben. Ich habe auf den vorherigen Seiten viel über unsere Arbeit und unseren Alltag geschrieben und kann immer wieder nur betonen: Ich brauche dabei meine volle Konzentration. Ich muss fokussiert sein. Wenn ich bei einem Hund bin, der meine Hilfe braucht, dann muss ich zu 110 Prozent da sein. Meine Gedanken dürfen sich nicht mit anderen Dingen beschäftigen. Dafür ist der Hund zu wichtig – und dafür ist mir auch mein Leben zu wichtig. Viele Rettungsaktionen, die wir durchgeführt haben, sind wirklich lebensgefährlich. Ich denke da zum Beispiel an die fünf Welpen im Oktober 2024, die sich in einem riesigen Holzstapel versteckt hatten. Der Holzstapel war bestimmt an die zwei Meter hoch und breit, überall waren Bretter, aus denen spitze Nägel herausragten, überall lagen Scherben. Ich bin dann, so gut es geht, auf diesen Stapel geklettert, habe mir mit einer Hand einen Weg durch die Bretter gebahnt, habe einen Welpen gegriffen, der mich erst einmal heftig gebissen hat, und habe ihn rausgezogen. Die ganze Zeit habe ich nur gedacht: »Hoffentlich bricht das Holz nicht zusammen.« Zum einen hätte ich mich schwer verletzen können, zum anderen wären die Kleinen dann wohl tot gewesen.

Im selben Monat, was zeigt, wie häufig es gefährliche Aktionen gibt, konnten wir Ragnar retten. Ragnar ist ein Malinois, der jahrelang ein trauriges Dasein an der Kette fristete. Als wir ihn holen und befreien sollten, kam er zunächst auf mich zu. Ich ging in die Hocke, er schnupperte an mir, er schien freundlich, berührte mich, doch dann, wie aus dem Nichts, sprang er an mir hoch und riss einen Fetzen aus dem Brustbereich meiner Jacke. Hätte er mich ein paar Zentimeter höher erwischt, hätte er meine Halsschlagader mit seinen Zähnen durchbohrt. Das ist keine Übertreibung, das ist Ernst. Doch dieses Risiko einzugehen, das ist es mir wert. Denn ich weiß, dass die Hunde mich nicht aus Hass oder Wut beißen, sondern zumeist aus Angst und Unsicherheit, aufgrund schlechter Erfahrungen mit Menschen. Bei Ragnar war es die Verteidigung seines Reviers, in das ich vorgedrungen war. Zwei Tage später, auf der Ranch, konnte ich ihn schon ganz in Ruhe streicheln.

Ich werde weitermachen. Und ich glaube auch, ich werde noch sehr, sehr lange weitermachen. Es gibt nicht nur in Bosnien Straßenhunde beziehungsweise misshandelte, ausgesetzte, vernachlässigte Hunde, die vom Radar des gesellschaftlichen Interesses verschwunden sind und doch dringend Hilfe brauchen. Ich habe mal gelesen, dass es weltweit mehr als 700 Millionen Streunerhunde geben soll.

Ich will sagen: In puncto Rettung von Hunden wird die Arbeit nicht weniger. Das Gegenteil ist der Fall. Und mit jedem weiteren Tag, den ich auf der Ranch verbringe, und mit jedem weiteren Hund, den ich mit meinem Team retten kann, nimmt meine Vision deutlichere Züge an.

Ich habe eine klare Vorstellung. So hoffe ich, dass wir in etwa fünf Jahren das Problem der streunenden Hunde in Bosnien gelöst haben. Das Ziel ist, dann über das gesamte Land verteilt um die 50 Ranches aufgebaut und in Betrieb zu haben. In zehn Jahren, so der Idealfall, haben wir das Projekt dann auf den ganzen Balkan ausgebreitet oder heißen andere Länder willkommen, die mit uns zusammenarbeiten möchten.

Ich habe keine Probleme mit Nachahmern. Ich beanspruche diese Idee der Hunderettung und der Ranches nicht für mich. Im Gegenteil. Ich würde mich sehr freuen, wenn etwa Leute in Uruguay, in Kolumbien, in Griechenland oder was weiß ich wo sagen, dass sie so etwas auch bei sich realisieren möchten. Das wäre großartig. Um das zu erreichen, möchte ich, dass wir in Bosnien ein Beispielland dafür werden, wie die Rettung von Straßenhunden funktionieren kann. Ich möchte, dass andere tierliebende Menschen aus aller Welt zu uns kommen, sich unser Projekt anschauen, um es zu verstehen und um vielleicht auch zu erkennen, dass sich so etwas in nahezu jedem anderen Land mit Engagement und Liebe zu Hunden umsetzen lässt.

Das Paradoxe an alldem – ich sagte es schon zu Beginn: Das Finden, Retten und Beschützen der Hunde ist gar nicht so das große Problem. Viel wichtiger ist erst einmal, die vielen selbst ernannten Tierschützer und Tierschutzvereine von der Idee zu überzeugen und sie mit ins Boot zu holen. Man möchte meinen, das sei einfach, doch ich sagte es ja: Alle wollen etwas vom großen Kuchen abhaben, und damit meine ich das Leid der Hunde. Das ist richtig krank, so ein Denken. Natürlich gibt es auch viele, viele tolle Organisationen, aber eben auch viele falsche Organisationen, die sich mit dem Elend der Tiere eine goldene Nase verdienen möchten. Organisationen, die es nicht mehr geben würde, wenn es das Leid der Hunde nicht mehr gibt.

Es ist wichtig, diesen Menschen eine Perspektive aufzuzeigen und sie auf unsere Seite zu holen. Im Idealfall wollen diese Menschen mit uns zusammenarbeiten und uns unterstützen, um so die Zukunft der Hunde zu sichern. Ich kann mir gut vorstellen und würde mich darüber freuen, wenn sie beispielsweise auf der Ranch mitarbeiten oder vielleicht sogar selbst eine Ranch führen.

Denn, um auch das zu sagen: Das Projekt schafft nicht nur für Hunde einen Platz, wo sie beschützt sind, wo es ausreichend Futter und Wasser für sie gibt und wo sie medizinisch versorgt und geliebt werden. Das Projekt, das Retten der Hunde und das Hochziehen der Ranches, schafft auch viele Arbeitsplätze. Nehmen wir mein Ziel, in fünf Jahren 50 Ranches in Bosnien zu haben. Hat jede Ranch fünf Mitarbeitende – dann sind das 250 Mitarbeitende, was noch knapp kalkuliert ist und die helfenden Hände beim Aufbau der Ranches nicht einmal mit einbezogen hat.

Die Ausbreitung der Ranches ist nur eine Idee von vielen. So ist ein weiteres Ziel, dass wir einen Bus zu einem Kastrationsbus umbauen, der von Stadt zu Stadt fährt. Die Hunde sollen kastriert beziehungsweise sterilisiert werden, um so endlich das unkontrollierte Vermehren zu stoppen und damit das Problem an der Wurzel zu packen und es zu beenden.

Auch werde ich in Schulen vermehrt Vorträge halten. Im Februar 2025 gab es bereits erste Vorabgespräche mit der Direktorin einer Schule in Jajce. Denn die jungen Menschen sind die Zukunft. Kinder sind meines Erachtens der Schlüssel zur Veränderung. Zum einen, was das Denken betrifft, zum anderen auch, was das Handeln angeht. Wenn ich mit meinen Zielen und Visionen diese jungen Menschen erreiche, sind vielleicht unter ihnen welche, die später Polizisten, Anwälte, Richter, Politiker werden und in ihrer Funktion mithelfen, dass sich das Leben von Hunden, von Tieren verbessert. Indem sie zum Beispiel ganz konkret Gesetze erlassen, konkrete Strafen für Tierquälerei festsetzen und auch umsetzen. Zwar ist Tierquälerei heute schon verboten, doch die Vergehen werden einfach nicht ernst genommen. Viel zu oft kommen Täter einfach so davon. Das muss sich ändern. Das Quälen eines Tieres – egal, ob Hund, Katze, Maus, und egal, ob in Bosnien oder anderswo – ist eine Straftat und muss bestraft werden. Punkt. Es darf da keine Diskussionen geben. Ja, ich weiß, dass wir nie jeden Menschen erreichen und davon überzeugen können, aber es lohnt sich, es wenigstens zu versuchen.

Wichtig ist mir auch zu betonen, dass es ein nachhaltiges Projekt ist. Wenn wir in den kommenden Jahren 50 Ranches in Bosnien hochziehen, dann ist das wahnsinnig viel Land, das wir herrichten. Nehmen wir rund 100 000 Quadratmeter pro Ranch, dann wären das insgesamt fünf Millionen Quadratmeter Land, wo es Hütten und Ställe gibt, wo es fließend Wasser gibt, eine Stromversorgung, Zäune, Überwachungskameras und so weiter. Es ist Land, das hoffentlich in 20 Jahren für andere Zwecke genutzt werden kann, weil wir es dann nicht mehr für gerettete Hunde brauchen.

Damit meine ich: Wenn wir jetzt mehr und mehr ein Umdenken in den Köpfen der Menschen erreichen, wenn es immer weniger beziehungsweise keine Straßenhunde mehr gibt, weil wir das unkontrollierte Vermehren in den Griff bekommen haben, und wenn wir jetzt noch Welpen retten, sie mit auf die Ranch nehmen, dann werden diese hoffentlich die letzten sein, die dort ein langes Leben haben. Danach werden die Ranches nicht mehr gebraucht und man könnte schauen und überlegen, was man mit dem Gelände macht. Man könnte Bäume pflanzen oder auch Raum für andere Tiere schaffen. Mein Traum wäre, die Ranches beispielsweise zu Gnadenhöfen für Nutztiere umzuwandeln.

Ich hoffe, dass beim Lesen deutlich wird, wie ernst mir das alles ist und auch, wie durchdacht das Projekt ist. Es ist mein Auftrag: Save the Dogs! Und wer meint, dass ich doch unglücklich sein müsste, wenn es keine Hunde mehr zu retten gibt, weil ich dann doch quasi arbeitslos wäre – Quatsch! Ich sagte es bereits: Wenn ich Hunde nicht mehr retten muss, dann habe ich Zeit, um die Liebe, Dankbarkeit und Zuneigung der Hunde zu genießen und mich daran zu erfreuen.

Ich habe in meinem Leben ein wenig gebraucht – und damit meine ich auch unschöne Erfahrungen –, um herauszufinden, wer ich bin und was ich kann. Das habe ich geschafft. Ich weiß mittlerweile, dass ich sehr, sehr gut darin bin, Liebe zu geben.

Ich halte mich für einen sehr empathischen, sehr zuvorkommenden und gefühlsbetonten Menschen. Geben ist eine Stärke und eine Schwäche von mir. So sehe ich es als meine Berufung, Hunde zu retten. Und: Ich möchte, dass sich die Menschen daran erinnern. Ich möchte, dass sie mich in ihrem Gedächtnis als jenen speichern, der etwas Positives geschaffen und bewirkt hat, etwas, das viele anfangs für unmöglich gehalten haben. Wenn die Menschen mich als denjenigen im Kopf haben, der keine Grenzen kannte, der alles bewegt hat, um Hunde zu retten und zu beschützen, dann habe ich eines meiner Ziele erreicht.

Zu guter Letzt möchte ich sagen, dass sich alles nur so gut entwickelt hat und so gut funktioniert, weil Sara hinter mir steht. Ohne ihre Unterstützung, ohne ihre Liebe und ihr großes Verständnis für alles, was ich tue, hätte ich wohl nur halb so viel Kraft, um mich für Hunde starkzumachen. Ich habe in Sara meine Traumfrau gefunden. Wir haben uns im März 2022 kennengelernt. Sie kommt auch aus der Schweiz und hat damals eine Mail an den Verein geschrieben, wollte etwas über Patenschaften und unsere Arbeit wissen. Wir fingen an, uns auszutauschen, auch über unsere Hunde. Sie hatte Shila, ich Mia, beides Französische Bulldoggen. Ich spürte gleich, dass sie versteht, was ich tue, und dass sie mich ernst nimmt. Wir haben Mitte November 2024 in der Schweiz geheiratet, kurz bevor dann am 12. Dezember 2024 unser gemeinsamer Sohn Ragnar zur Welt gekommen ist. So war das Jahr 2024 das schönste und schlimmste Jahr zugleich in meinem bisherigen Leben. Trauer und Glück lagen eng beieinander. Ich habe meine geliebte Mia verloren, doch ich habe einen Sohn bekommen.

Wir sind eine glückliche Familie, zu der neben den Hunden auch alle Helferinnen und Helfer und meine vielen Followerinnen und Follower gehören. Wir sind ein Team, das gemeinsam einen, meinen Traum verfolgt, damit er Wirklichkeit wird: dass alle Hunde die Aufmerksamkeit und Liebe in einem würdevollen Umfeld bekommen, die sie uns Menschen schenken. Jeden Tag, ihr ganzes Leben lang.

DANKE

Viele, viele Zeilen habe ich über die Arbeit von »Save the Dogs BIH« berichtet. Es ist mein Auftrag, meine Berufung. Auf dem bisherigen Weg haben mich etliche Menschen begleitet und auf unterschiedlichste Weise unterstützt. Ich möchte an dieser Stelle die Möglichkeit nutzen, mich bei einigen von ihnen ganz besonders zu bedanken:

Sara – für ihr unendlich großes Verständnis, ihre große Liebe und unseren gemeinsamen so wunderbaren Sohn.

Ragnar und Katalina, meine beiden Kinder – dafür, dass sie ihren Papa so oft mit Hunden teilen.

Mein Papa – ohne den es »Save the Dogs BIH« wohl nicht geben würde. Er hat mir geholfen, die ersten Hunde zu retten. Er hat mich bestärkt und mir gezeigt, dass ich auf einem guten, auf dem richtigen Weg bin.

Meine Mama – die mir immer den Rücken stärkt, die immer an mich geglaubt hat und immer an mich glaubt, die immer für mich da ist.

Darko & Familie – dafür, dass sie mir ein Stück Erde gegeben haben, um meinen Traum zu verwirklichen, und darüber hinaus zu Freunden und wichtigen Weggefährten geworden sind.

Mido – dafür, dass er ein richtig guter Freund und Bruder ist, auf den ich mich jederzeit zu 100 Prozent verlassen kann. Ich bin sehr, sehr dankbar, dass er in mein Leben gekommen ist.

Shile – für seine endlose Liebe zu den Hunden.

Pascal – mein langjähriger Freund in der Schweiz, der mir dabei hilft, dass alles rechtens ist, wofür ich ihm endlos dankbar bin.

Sandro – dafür, dass er mir den Weg als Personaltrainer geebnet hat und immer wie ein großer Bruder für mich war.

Patrick – dafür, dass er als einer der Ersten an meine Vision glaubte und mir so half, die Miniranch zu realisieren.

Samir – dafür, dass er als Tierarzt in Jajce mir mit seinem Wissen und Engagement eine sehr große Hilfe ist.

Darüber hinaus möchte ich mich beim ganzen ehrenamtlichen Team von »Save the Dogs BIH« von Herzen für eure unglaubliche Unterstützung bedanken. Sei es in Social Media oder bei anderen Aufgaben, hier entlastet ihr mich enorm, ohne euren Einsatz, eure Kreativität und euer Engagement wäre vieles nicht möglich.

Ebenfalls mein herzlicher Dank geht an das Team von »Save the Dogs BIH« vor Ort, ohne euch wäre die liebevolle und grandiose Versorgung aller Hunde nicht das, was sie heute ist.

Auch bedanke ich mich bei den Tierärzten, den Behörden, der Polizei, allen, die es uns möglich machen, dass wir immer wieder Hunde retten und ihnen dann ein gutes Leben ermöglichen können.

Daher ein besonderer Dank vor allem auch an meine treue Community, an alle meine Followerinnen und Follower, die an mich glauben, die mich supporten und mir mit ihrem Zuspruch jeden Tag aufs Neue bestätigen, dass wir auf dem richtigen Weg sind und dass es wichtig ist, was wir tun.

Auch allen Spendern und Unterstützern gebührt mein allerherzlichster Dank, ohne euch wäre das Projekt niemals das, was es heute ist und in Zukunft dank eurer Spenden weiter sein wird. Ein Paradies und ein liebevolles Zuhause für gerettete Hunde.

Ich möchte mich auch bei dem Verlag bedanken, dass er mir die Möglichkeit gegeben hat, meine Geschichte zu erzählen, und in diesem Zusammenhang auch ein Dank an meine wunderbare Co-Autorin, dass sie so viel Geduld mit mir hatte.

Nicht vergessen möchte ich all jene, die sich bei uns melden und uns über Hunde in Not informieren, sodass wir ausrücken und helfen können.

Danke! Und das sage ich auch im Namen der geretteten Hunde!

ÜBER DEN AUTOR

Geboren 1989 in Travnik (Bosnien), flüchtete Bruno Jelovic mit seinen Eltern während des Balkankrieges in die Schweiz. Dort lebte und arbeitete er, baute sich eine Existenz als Fitness-Coach auf, bevor er 2018 das Projekt https://savethedogsbih.ch/ gründete, um Hilfe für Straßenhunde zu leisten und Zuneigung zu schenken.

ÜBER DIE CO-AUTORIN

Nicole Maibaum ist Journalistin und Autorin mehrerer Bücher. Sie lebt in Hamburg. Seit über elf Jahren ist sie selbst Hundebesitzerin und genießt die täglichen Spaziergänge am Elbstrand.